月子期

营养食谱

犀文图书 编著

U0324750

天津出版传媒集团

天津科技翻译出版有限公司

Preface
前言

从发现肚子里有一个新生命开始，手足无措的准妈妈就开始进入了人生的另外一个阶段，她们从"为人女儿"利落地切换到了"为人母亲"的角色。漫长的孕期让她们从彷徨、一无所知，到做好心理准备、心无旁骛地分娩。新妈妈们等到婴儿如愿地呱呱坠地，才发现自己的使命并没有完成。

新生儿如何得到更好的照顾？祖辈的经验和现代科学的方法哪些更适合自身的哺乳情况？各种突发状况和经验碰撞使新妈妈们焦头烂额，对自己的照顾也变得不那么仔细与考究了。但这种忽略自身的态度是错误的。

我国素来有"坐月子"的传统，其最早可以追溯至西汉《礼记》，距今已有两千多年的历史。当时称之为"月内"，是产后必需的仪式性行为，为的就是让新妈妈休养生息、恢复身体。经过十个月的怀孕与分娩，新妈妈的身体起码需要6~8周的时间才能恢复到怀孕前的状态，而这段时间调养的正确与否，关系到未来日子身体是否健康。

都说坐月子给女人第二次生命，可见坐月子的重要性。月子坐得好坏同新妈妈今后的身体健康息息相关，因此如何在月子期正确地护理和调养应当引起重视。产后妈妈在恢复身体方面除遵医嘱外，还应该格外注意自己的饮食。食疗能循序渐进地改善身体状态且无副作用，实为调理良方。

本书以产后妈妈的营养与饮食调节为主，结合产妇坐月子时的生理特点，详细介绍月子期间产妇的饮食要点、营养搭配和饮食方案，从排毒、滋补、催乳、瘦身等方面为新妈妈们提供对应的营养食谱。全书图文并茂，适合产妇及其家人阅读。

目录
Contents

PART 3 滋补阶段

PART 5 恢复阶段

PART 1

坐月子的小常识

坐月子物品准备清单

孕后期妈妈花了大量心思去准备婴儿出生后的各式用品，但新妈妈可不能把自己忘记了，除了为宝宝准备的物品，妈妈坐月子时候自己的用品也要事先买回来。

日用品

此类物品当然是可以继续使用旧的，但需重新整理，把用完的、没买的补充完整，这很重要，因为坐月子期间新妈妈不会有太多时间去翻找和重新购买。

此类物品有：漱口水(刚开始不能刷牙)、梳子、面霜、洗手液、洗脸毛巾、洗下身毛巾、擦身毛巾、擦汗小毛巾两条、按摩清洁乳房小方巾一条、脸盆两个等。

营养品

妊娠期和哺乳期妇女对矿物质和微量元素有额外需求，此时需要增加一些诸如维生素、钙等的摄入，以补充此类元素的缺失。

此类物品有：钙片、维生素含片等，根据妈妈的体质和医生的医嘱进行添加。

吸奶器

用于挤出积聚在乳腺里的母乳。一是可以保存母乳，确保突发状况下婴儿也能喝母乳；二是若母亲的乳头发生问题，不能让婴儿喝，此次母乳也能吸出处理掉。

使用方法

1. 在吸奶之前，用熏蒸过的毛巾温暖乳房，并进行刺激乳晕的按摩，使乳腺充分扩张。

2. 按照符合自身情况的吸力进行吸奶。

3. 吸奶的原则是8分钟左右（时间应控制在20分钟以内）。

4. 在乳房和乳头有疼痛感的时候，请停止吸奶。

一次性防溢乳垫

哺乳期间必不可少的控制渗乳用品，能吸收过量的母乳并将溢乳固定在内部，外层是透气防水层，能保持文胸干爽。

注意事项

1. 高营养乳汁易滋生细菌，每3~4小时需更换一次。

2. 给宝宝喂奶前应用温水清洗一下乳头，为宝宝的健康多做一步。

3. 存放于干燥及阴凉处以及婴幼儿拿不到的地方。

哺乳文胸

特指产妇在哺乳期佩戴的文胸。佩戴哺乳文胸有助于乳房血液循环通畅，对促进乳汁的分泌和提高乳房的抗病能力都有好处，也能保护乳头不被擦伤和碰疼。

注意事项

挑选哺乳文胸时要选择能把整个乳房都托住的全罩杯，这样可以给乳房有力的支撑，避免哺乳后的乳房下垂。罩杯的角度需要明显上扬而且有深度的，应是4/4全罩杯。

妈妈们宜选在前面开扣的内衣，或是罩杯可以打开的，如此在给婴儿哺乳时不用来回地穿脱，既方便又干净简洁。

乳头矫正器

又叫乳头内陷矫正器，是一种矫正内陷乳头的简易装置，可以通过非手术为新妈妈矫正乳头内陷。

如果新妈妈产后的前几天和每次要亲自哺乳的前几分钟使用乳头矫正器，可以将乳头拉出，让宝宝能够轻易地吸住乳头。一旦妈妈的奶水充分地流出，就可以停止使用乳头矫正器。

乳头保护罩

乳头保护罩对乳头龟裂可起到保护作用。有的妈妈会遇到喂奶时乳头疼痛或乳头发炎等情况，既影响妈妈喂奶时的情绪又影响宝宝的进食。妈妈可以选择使用乳头保护罩，在给宝宝喂奶时，可以盖上乳头保护罩。在哺乳时使用它，还能防止宝宝咬伤妈妈的乳头。

束腹带

怀孕时期的女性体形变化极大，应把握产后6个月的塑身黄金期，适时穿着塑身产品帮助雕塑、调整体态。

束腹带有腰部粘贴式和全身塑形两种选择。剖宫产的妈妈在产后医院会要求戴上腰部粘贴式的束腹带，顺产的妈妈则没有要求，但结合自身经验和后期恢复的状态，产后的妈妈也应该在第二天起使用束腹带，这对产后形体的恢复很有必要。

注意事项

束腹带分大、中、小码，一定要选好，很多妈妈买后因大小不合体而纠结，建议最好选用均码的、自然弹性好的。

顺产

顺产，是一种分娩方式，即阴道分娩，是一个自然的生理过程。在产程中，经过产道的挤压，胎儿呼吸道内的液体大部分排出，有利于婴儿出生后开始建立呼吸循环。顺产比剖宫产好，因为剖宫产的新生儿呼吸道内往往有液体潴留，故发生窒息、呼吸系统并发症的机会多。

优点

1. 产后恢复快。生产当天就可以下床走动，一般 3~5 天就可以出院，花费较少。

2. 产后可立即进食，可喂哺母乳。

3. 仅有会阴部位伤口。

4. 并发症少。

5. 对婴儿来说，从产道出来肺功能得到锻炼，皮肤神经末梢经刺激得到按摩，其神经、感觉系统发育较好，整个身体功能的发展也较好。

6. 腹部恢复快，可很快恢复原来的平坦。

7. 不会因为麻醉剂而使孩子的神经受到伤害。

缺点

1. 产前阵痛，但可以无痛分娩避免产痛的困扰。

2. 阴道生产过程中有突发状况。

3. 阴道松弛，但可以产后运动避免。

4. 可能会有骨盆腔，子宫、膀胱脱垂的后遗症。

5. 阴道产后会伤害会阴组织，甚至造成感染，或出现外阴部血肿等情况。

6. 产后会因子宫收缩不好而出血，若产后出血无法控制，需紧急剖宫处理。严重者需切除子宫，甚至危及生命。

7. 产后感染或产褥热发生，尤其是早期破水、产程延长者。

8. 会发生急产（产程不到 2 小时），尤其是经产妇及子宫颈松弛者。

9. 胎儿难产或母体精力耗尽，需以产钳或真空吸引。协助生产时，会引起胎儿头部肿大。

10. 胎儿过重易造成肩难产，会导致新生儿锁骨骨折或臂神经丛损伤。

11. 羊水中产生胎便，导致新生儿胎便吸入症候群。

12. 胎儿在子宫内发生意外，如脐带绕颈、打结或脱垂等现象。

13. 羊水栓塞，毫无预警地发生，即使是剖宫产也无法避免。

剖宫产

剖宫产，旧称剖腹产，是外科手术的一种。手术切开母亲的腹部及子宫，用以分娩出婴儿。通常剖宫生产是为避免因阴道生产可能对婴儿或母亲性命及健康造成损害，但近年来有部分剖宫生产被用作替代本来的自然分娩。

专家指出，剖宫产主要适用于以下范围。

胎儿窘迫

胎儿窘迫的原因很多，例如脐带绕颈、胎盘功能不良、吸入胎便，或是产妇本身有高血压、糖尿病、子痫前症等并发症。大部分的胎儿窘迫可通过胎儿监视器看到胎儿心跳不好，或是在超声波下显示胎儿血流有不良变化，如果经过医师紧急处理后仍未改善，则应该施行剖宫产迅速将胎儿取出。

产程迟滞

产程迟滞是指产程延长。通常宫颈扩张的时间因人而异，但初产妇的宫颈扩张时间平均比经产妇长，需14～16小时，超过20小时则称为产程迟滞。遇到这种情况的产妇最辛苦，因为阵痛已经持续了一段时间，才不得已改为剖宫产，等于是产前阵痛和术后痛都必须经历。

骨盆狭窄或胎头与骨盆腔不对称

产妇如果有骨盆结构上的异常或由于骨盆出口异常无法让胎儿顺利通过，应该采取剖宫产。胎头与骨盆腔不对称是相对性的，也就是说即使产妇本身的骨盆腔无异常也不狭窄，但因为胎儿的头太大，无法顺利通过产道，也必须实行剖宫产。

胎位不正

初产妇胎位不正时，应以剖宫产为宜。一般而言，初产妇若在足月时已经确认胎位不正，可事先安排剖宫产的时间；但如果是阵痛开始后才发现胎位不正，可能要直接安排紧急手术。

胎儿过大

胎儿体重等于或超过 4 千克即判定为胎儿过大。产前检查时，如果产科医师评估胎儿体重可能大于 4 千克，能以自然生产方式娩出的机会很小时，也可以安排剖宫产。

多胞胎

如果产妇怀的是双胞胎，且胎儿胎位都是正常的，可以尝试自然生产，但若是三胞胎或更多胎，则建议优先考虑剖宫产。

前胎剖宫生产

有许多产妇都是第一胎剖宫产后，再次分娩也会选择剖宫产。一般来说，一次的前胎剖宫产后，的确会增加近 1% 的子宫破裂机会。若是直式的子宫剖开方式，则子宫破裂的机会会增加 4 倍左右。

胎盘因素

胎盘的位置及变化与生产方式也有关系，比如胎盘位置太低，挡住了子宫颈的开口，前置胎盘或是胎盘过早与子宫壁剥离而造成大出血或胎儿窘迫等，都得进行剖宫产。

母体不适合阴道生产

如果母体本身有重大疾病，比如子痫前症或严重的内科疾病（心脏病等），经医师评估无法进行阴道生产者，也需要选择剖宫产。

子宫曾经历过手术

此种情形就类似于前胎剖宫生产，由于子宫壁上面有手术所留下的瘢痕组织，这些瘢痕组织的确会增加子宫在阵痛时破裂的危险概率，因此大多会安排剖宫产。

月子期注意事项

坐月子不只是 30 天

通常人们将产后一个月称为"坐月子"，但实际上一个月的时间调整，身体许多器官并未得到完全的复原：子宫体的回缩需要 6 周时间才能恢复到接近非孕期子宫的大小，胎盘附着处子宫内膜的全部再生修复需要 6 周时间，另外，产后腹壁紧张度的恢复也需要 6~8 周的时间。从医学上讲，产后 42 天"产褥期"才是一般女性产后身体基本恢复的时间。

新妈妈第一次哺乳要注意乳房清洁

给宝宝喂奶前，妈妈一定要做好乳房的清洁工作，妈妈要准备一块毛巾，专门用来清洁乳房。每次喂宝宝前，用温开水沾湿毛巾，轻轻擦拭乳房，特别是乳晕和乳头部位，动作要轻柔，不要太用力，以免擦破乳头上的皮肤。

另外需注意的是，哺乳后应将宝宝直立抱起并拍背，使其将吞咽的空气排出；哺乳后不宜立刻给宝宝更换尿布。

用正确的方法停止哺乳

一般情况下，应等到婴儿自己松开乳头后，方可拔出。如果妈妈因某种原因想中止哺乳，正确的方法是先将手指放进婴儿口中，使其停止吸吮，然后拔出乳头。

月子里易腰痛、关节痛

产妇经过怀孕及分娩，内分泌发生变化，骨关节、韧带松弛，钙质缺乏，容易引起腰痛、关节痛。因此，产后应加强适当的锻炼，注意补钙，不要过度劳累，腰腿痛经过一段时间可以自愈。

月子里冷水确实不能碰

新妈妈全身的骨骼松弛，如果冷风、冷水侵袭到骨头，就可能落下"月子病"。月子里冷水确实不能碰，即使在夏天，洗东西都仍然要打开热水器用温水。另外，开冰箱这样的事情也请家人代劳。

产后忌用力挤压乳房，忌用手乱揉乳房

月子期常有的几个疑问

生完宝宝后乳晕和手部都很痒，什么原因呢？该怎么办？

因为妈妈担心小宝宝受到病菌的感染，洗手的频率会大大增加，这使手部处于不断干了又湿、湿了又干的恶性循环，就会造成"富贵手"——手部湿疹。为了喂母乳，妈妈们常会过度地清洁乳头，加上宝宝吸吮时的摩擦，会使乳晕患上严重的皮肤炎，常是又痛又痒极为难受。

改善方法如下：

洗手后擦乳液。建议妈妈们加强保养工作，洗手后最好能马上擦乳液。如果怕宝宝沾到，可以和宝宝使用相同的婴儿乳液或质地温和的凡士林。

用温水擦拭乳头。乳头不需要做过度的清洁，喂食前用温水稍加擦拭即可，喂完后可以多挤出一些乳汁润泽皮肤。

穿哺乳内衣。最好穿着支撑力好、棉质的哺乳内衣，以减少胸部皮肤和衣服的摩擦。

产后必须卧床休息吗？

一般情况下，经阴道正常分娩的产妇在产后第2天就应当下床走动。每天做一些简单的锻炼或产后体操，有利于恢复，保持良好的体形。但不宜为了迅速恢复身材而做剧烈运动，否则可能会导致会阴侧切的伤口破裂。产后一周产妇可以做些轻微的家务活，如叠衣服等，但持续时间不宜过长，更不可干较重的体力活，否则易诱发子宫出血及引发子宫脱垂。

不过，就算满月后，也不宜久站、久蹲或做剧烈运动。因为盆腔里的生殖器官在这时并没完全复位，功能也没有完全恢复，如果不注意防护，仍然会影响生殖器官的复位。

产褥期不能洗澡、不能洗头吗？

传统观念认为产褥期不能洗澡、不能洗头，怕因此受风受凉留下病根。实际上这种认识是不合理的。

月子里产妇的会阴部分泌物较多，每天应用温开水清洗外阴部。勤换会阴垫并保持会阴部清洁和干燥。恶露会在产后4~6周干净。一般产后一

周就可以洗澡、洗头，但必须坚持擦浴，不能洗盆浴，以免洗澡用过的脏水灌入生殖道而引起感染。6周后可以洗淋浴。

月子里不能受风受凉吗？

坐月子的传统观念很多，怕风怕凉是其中之一。究其原因，多是来源于老人们年轻时的经验。这些经验并没错，但是时代不同了，当时的条件与现在的相比已经有了天壤之别，所以要按照个人条件进行护理。

现代家庭暖气空调俱全，无论什么气候都没问题，只要避免对流风直接吹，就不会出现因为受风受凉而造成的产后疾病。而且产后家里客人多，空气流通不好，更应该及时通风换气，以预防疾病的发生。

但要注意以下几点：

1. 坐月子期间要避免身体直接吹到电扇的风。

2. 开冷气时不要将风口对着产妇，并将室温设定在 25℃ ~28℃，这是最适宜的。

3. 坐月子期间衣服若因排汗量过多而湿了，一定要马上换干的衣服。冬天床边准备睡袍，半夜起来喂奶要立刻穿上，才不会受风寒。

坐月子真的不能出门吗？

产妇在妊娠、分娩的过程中体力大量消耗，导致产后非常虚弱，抵抗力差，容易受病原、微生物等的侵袭。以前医疗条件不好，营养跟不上，免疫力也低下，产妇产后容易感染各种病菌，影响身体的恢复，所以产妇坐月子都要足不出户，有的还要绝对卧床休息，不能洗头、洗澡等，这是有一定道理的——洗头、洗澡容易使身体虚弱的产妇着凉。

现在生活和医疗条件好了，产妇们的营养也跟得上了，产妇产后很快会恢复，足不出户的观念应该有所改变。从医学的角度出发，只要保证充分的睡眠休息时间，营养调理得当，适当的户外活动可能更有利于身体的康复，但是一些人流密集的公共场所最好不要去。

产后第 1~2 周能大补吗？

产后第 1~2 周的主要目标是"利水消肿"，使恶露排净，因此绝对不能大补特补。正确的进补观念是：先排恶露，后补气血，恶露越多，越不能补。前 2 周由于恶露未净，不宜大补，饮食重点应放在促进新陈代谢、排出体内过多水分上。

第1周的重点是开胃而不是滋补，胃口好，才会食之有味，吸收也好。此阶段可以吃猪肝、山药排骨汤、红枣银耳汤等，帮助子宫排出恶露与其他废物，可以喝一点较为清淡的汤，还可以吃些清淡的荤食，适量的橙子、柚子、猕猴桃等水果对开胃也有重要作用。

第2周则以麻油猪腰、花生炖猪脚、鱼汤等为主，活化血液循环，预防腰酸背痛。另外，每天补充2000~2500毫升水分。等到第3~4周，恶露将净，进入进补期，做菜时适当加米酒，以促进血液循环，帮助恢复体力。

产妇月子里吃青菜，婴儿会拉肚子吗？

婴儿拉肚子很多时候指的是婴儿的大便呈绿色。婴儿偶尔会有墨绿色的大便，这是因为食物残渣经胆汁消化，而胆汁呈黄色并使大便成为酸性，排出后与空气接触，偶尔会变成绿色。一般喂母乳的大便容易偏向酸性，有可能成为绿便排出。

很多时候婴儿绿色大便并不是因妈妈吃了青菜而导致消化不良的。

有些吃配方奶的孩子排出的粪便呈暗绿色，其原因是一般配方奶中都加入了一定量的铁质，这些铁质经过消化道并与空气接触之后，就呈现为暗绿色。

未吃饱的婴儿也可能拉绿色的稀大便，这属于饥饿性腹泻。另外，妈妈吃得太油腻，婴儿消化不良，也会拉绿色大便。

母乳喂养的婴儿，粪便一般呈黄色或金黄色，稠度均匀如药膏状，或有种子样的颗粒，偶尔稀薄而呈微绿色，呈酸性反应，有酸味但不臭。

只要婴儿的粪便符合上面所说的，并且无其他异常状况，就不用过于担心。

产妇喝的汤熬得越浓越好吗？

其实不然。骨头汤熬1小时左右的浓度最为合适，这时骨头中的蛋白质（其中含有多种氨基酸）已溶解到汤内，使熬出的骨头汤味道鲜美。如果时间熬炖过长，骨头汤中会溶解更多的油脂，过量饮用后会引起高脂血症、动脉硬化等。

坐月子的饮食原则

科学的数据表明，产后应少食多餐，菜谱要考虑营养的均衡，尽量不挑食。主食要比怀孕晚期增加一些，还要多吃蛋白质和蔬菜。饮食搭配要均衡，切勿太油腻，否则孩子会得脂肪泻，大便呈泡沫状。

"坐月子"往往只注重第一个月的营养，出了月子也即从第二个月起开始忽视妈妈的营养，导致母乳质量明显下降，不利于宝宝生长。因此，应注重在整个哺乳期的科学合理膳食，应该持续均衡地摄取各种营养，这样才能为宝宝提供营养充分的母乳。

产妇吃蔬菜水果，要注意以下几点

1. 产妇胃肠功能较虚弱，应从少量开始食用。

2. 产妇的胃肠抵抗力弱，一定要注意食物是否清洁卫生。

3. 产妇的胃肠对冷刺激很敏感，不要吃过凉的蔬菜和水果。若过凉容易导致胃肠瘀血，影响消化功能。

产后要注意补钙

1. 饮食供应营养丰富的食物，在乳汁分泌高峰期时，每日补充2克钙和等量的维生素D。含钙和维生素D高的食物有牛奶、豆制品、禽蛋、鱼、虾、海产品、骨头汤等。

2. 少吃不利于钙吸收的食物，如菠菜、竹笋等。

3. 多晒太阳。太阳中的紫外线照射皮肤可促进人体维生素D合成，维生素D主要作用是调节钙、磷代谢，加速小肠对钙、磷的吸收。

少吃盐和调味料

一般说来，怀孕全过程所增加的体重约12千克，婴儿连同胎盘的重量约5.5千克，还剩下6.5千克，其中水分就占60%以上。换言之，因怀孕的各种因素而产生的水分，必须在妈妈分娩后慢慢地排出。若是在坐月子期间，吃的食物太咸或含有酱油、醋、番茄酱等调味品，或是食用腌渍食品、罐头食品等，都会使身体内的水分滞留，不易排出。但是，产妇胃口已经很不好了，完全不用盐也不太可能，所以坐月子时盐还是可以用，但一定要比平时少一些。产后的一周少吃盐和调味料，能达到"利水消肿"的目的。

另一方面，产妇在这段期间容易流很多汗，出汗会带走很多电解质，而电解质的补充还是需要盐。故盐可以用，但要少量。

不能无限量地喝汤

喝汤是每个产妇在月子里都必不可少的。汤味道鲜美，营养丰富，如鲤鱼汤、蛋花汤等，不仅容易消化吸收，还可促进乳汁分泌。但喝汤也是有学问的，不可为了增加乳汁分泌就无限制地喝，否则容易引起乳房胀痛，处理不恰当就会引发乳腺炎。

一般产妇每天吃2~3个鸡蛋，配合适当的瘦肉、鱼肉、蔬菜、水果也就够了。奶水充足的不必额外喝大量肉汤，奶水不足可以喝一些肉汤，但也不必持续一个月。摄入脂肪过多，不仅体形不好恢复，而且会导致孩子腹泻，这是因为奶水中也会含有大量脂肪颗粒，宝宝吃后难以吸收。

不能过于频繁喝人参汤

从中医角度看，分娩时的创伤与出血加上产程中的力气消耗，会使产妇在生产后处于"多虚多瘀"的状态。但这一般无需刻意治疗，即便治疗，也必须针对特点，服用补虚化瘀的处方。而人参的补气效果在中药中是最强的，但只能在气虚症状较重时才可以考虑使用。过多饮用人参汤，可能会出现胸憋、入睡困难等症状。

鸡汤、猪蹄汤要适量

很多人都认为分娩时出血多，应当多吃一些鸡汤、猪蹄汤等滋补汤。殊不知，如果天天吃、顿顿吃，就会引起腹胀、腹泻等症状。产后第1周的食谱应多以清淡为主，比如鸡蛋汤、鱼汤等。鱼汤营养很丰富，但要先去掉上层的油，汤不要过咸。产后5~7天应以米粥、软饭、碎面等为主食，不要吃过多油腻的东西。

不能只吃母鸡不吃公鸡

分娩后体内的雌、孕激素水平降低，有利于乳汁形成，但母鸡的卵巢和蛋衣中却含有一定量的雌激素，会减弱催乳素的功效，从而影响乳汁分泌。而公鸡含有雄激素，可以对抗雌激素。把大公鸡清炖会促使乳汁分泌，而且公鸡的脂肪较少，产妇吃了不容易发胖，有助于哺乳期保持较好的身材，也不容易引起婴儿腹泻。

恶露干净后，烹调时可以不用加酒

酒的作用是活血，对于刚刚分娩后的产妇烹调时加些料酒可以帮助排出恶露。但如果恶露已经排干净，仍然用酒烹调食物就不适宜了，特别是在夏天。因为酒有可能导致子宫收缩不良，恶露淋沥不尽。

哺乳期间不能经常吃巧克力

巧克力中所含的可可碱会进入母乳，并通过哺乳进入宝宝的体内，损害宝宝的神经系统和心脏，导致消化不良、睡眠不佳、哭闹不停等。另外，常吃巧克力会影响产妇的食欲，造成身体所需的营养供给不足。这样，不仅影响产妇的身体康复，还会影响宝宝的生长发育。

鸡蛋与豆浆不能混吃

生豆浆中含有胰蛋白酶抑制物，它能抑制人体蛋白酶的活性，影响蛋白质在人体内的消化和吸收。鸡蛋的蛋清里含有黏性蛋白，可以同豆浆中的胰蛋白酶结合，使蛋白质的分解受到阻碍，从而降低人体对蛋白质的吸收率。

月子期正确的食材选择

坐月子宜食的食物

坐月子宜食的食物包括黑米、紫米、甲鱼、猪肉、羊肉、牛肉、猪肝、羊肝、猪血、乌鸡、鲳鱼、黄鱼、章鱼、鳗鱼、鳝鱼、乌贼、海参、带鱼、虾、鸡蛋、黑木耳、黄花菜、菠菜、小白菜、苋菜、油菜、柿子椒、胡萝卜、番茄、藕、红枣、松子、桑葚、莲子、龙眼肉、花生、豆类、葡萄等。

其中牛肉、鱼、虾、鸡蛋、动物内脏、豆制品等是蛋白质的来源，牛奶、蛋类、贝壳类、豆制品、骨头汤等可为产妇补充钙质，肝、心、蛋黄、牛肉、鲤鱼、虾、绿色蔬菜、香菇、黑木耳等对身体补充铁元素有重要作用，糙米、小米、玉米、黑米、豆类、蔬菜、水果等可满足产妇对维生素的需要。

各种食物的作用及营养

黄豆芽：含有大量蛋白质、维生素C、纤维素等。蛋白质是生长组织细胞的主要原料，能修复生孩子时损伤的组织；维生素C能增加血管壁的弹性和韧性，防止出血；纤维素能通肠润便，防止产妇便秘。烹调方式多用煮和炖，少用油炸。

海带：含碘和铁较多。碘是制造甲状腺素的主要原料，铁是制造血细胞的主要原料。产妇多吃海带，能增加乳汁中碘和铁的含量，新生儿吃了这种乳汁，有利于身体的生长发育，防止因缺碘、缺铁引起的呆小症。铁还有预防贫血的作用。

黑豆：含有丰富的植物性蛋白质及维生素A、B族维生素、维生素C，对脚气水肿、腹部和身体肌肉松弛者有改善功效。

胡萝卜：含丰富的维生素A、B族维生素、维生素C，是产妇的最佳蔬菜之一。

芝麻：富含蛋白质、脂肪、钙、铁、维生素E等多种营养素，这些是新妈妈产后十分需要的，可提高和改善饮食的营养质量。另外，黑芝麻的营养价值要比白芝麻更高一些。

月子期饮食宜忌

蔬果的重要性：产妇分娩后代谢旺盛，出汗量和尿量增多，若不能及时补充水果、蔬菜，易引起便秘。特别是在炎热的夏天，产妇更应适当地吃些蔬果，以防中暑。

1.橘子最好忌食，但橘核、橘络(橘子瓣上的白丝)有通乳作用，产妇若乳腺不通，可食之。

2.偏冷性的果菜最好忌食（特别是分娩后7～10天内的产妇），如椰子水、杨桃汁、西瓜（但夏天可以吃少量）、梨子（鸭梨）、山楂、柠檬、橘子、柿子、草莓、芒果、哈密瓜、腌黄瓜、冬瓜、竹笋、白萝卜、茄子、韭菜、大白菜、大蒜。

3.少吃苦瓜、枸杞菜、芹菜等寒凉的蔬菜。

4.在夏季坐月子时可吃些适宜消暑的饮食，产妇出汗多、口渴时，可以食用西红柿，也可吃适量的西瓜和水果消暑，不用盲目忌口，以避免产褥期中暑。

除了部分蔬果之外，下列几类食品也应避免食用。

1.刺激性饮料，如浓茶、咖啡，会影响睡眠及肠胃功能，亦对新生儿不利。

2.酸涩收敛食品，如乌梅、柠檬、橘、柑等，以免阻滞血行，不利于恶露排出。

3.过咸食品。过多的盐分会导致水肿。

4.麦乳精。麦乳精是以麦芽为原料生产的，含有麦芽糖和麦芽酚，而麦芽对回奶十分有效，会影响乳汁的分泌。

5.忌食草豆蔻、荷叶、薄荷、菊花等。

月子期安全用药常识

下列中药在产后1~2周不宜服用

1. 补益中药：人参、党参、黄芪等

在刚生产后，不宜服用太过补益作用的中药，如人参。人参含有多种有效成分，如作用于中枢神经及心脏血管的"人参皂苷"，降低血糖的"人参多肽"以及作用于内分泌系统的配糖体等。这些成分能对人体产生兴奋作用。如果新妈妈服用了人参，人参对人体中枢神经的兴奋作用就可导致服用者出现失眠、烦躁、心神不安等不良反应。刚刚经历分娩的新妈妈，体力消耗很大，非常需要卧床休息，如果此时服用人参，反而因兴奋难以安睡，影响精力的恢复，所以新妈妈急于用人参补身子是有害无益的。

2. 活血中药：红花、丹参、牛膝、乳香、没药等

在分娩过程中，内、外生殖器的血管多有损伤，服用活血作用强的药物，有可能影响受损血管的自行愈合，造成流血不止，甚至大出血。同时太过补益作用的药物，例如人参，服用过多易促进血液循环，加速血液的流动，不利于新妈妈的身体恢复。因此，在生完孩子的1周内，最好不要用活血作用强的药物。可用一些柔和的活血药，利于子宫收缩，帮助排出产后宫腔内的瘀血，促使子宫早日复原。当归、益母草都是比较柔和的补血活血药，可适当选用。

3. 温热中药：附子、肉苁蓉、肉桂（可引起子宫充血，显示通经作用）、干姜、半夏等

一些温性药物可以益气养血、健脾暖胃、驱散风寒，很适宜新妈妈服用。但太过热性的药物，则会伤害新妈妈的身体。因为辛辣温燥药物可助内热，而使新妈妈上火，出现口舌生疮、大便秘结或痔疮等症状。而且母体内热可通过乳汁影响到婴儿，使婴儿内热加重。同时太过温热的药物容易使新妈妈出汗增加，耗损新妈妈的身体。

4. 寒凉泻下药：大黄、牛黄、芒硝、番泻叶等

过于寒凉泻下的药物不利于身体虚弱的新妈妈，所以产后一定要慎用此类中药。

5. 滋腻中药：熟地等

太过滋腻的药物会影响新妈妈的脾胃功能，因此为了保障消化系统的正常工作，新妈妈应避开滋腻的中药。

PART 2

排毒阶段

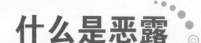

什么是恶露

产妇分娩后随子宫蜕膜特别是胎盘附着物处蜕膜的脱落，含有血液、坏死蜕膜等组织经阴道排出称为恶露。一般情况下，产后3周以内恶露即可排净，如果超过3周仍然淋沥不绝，即为"恶露不尽"。在中医典籍《胎产心法》中提到："由于产时伤其经血，虚损不足，不能收摄，或恶血不尽，则好血难安，相并而下，日久不止。"因此，恶露不止多与"虚损"或"血瘀"有关。

恶露的分类

1.红色恶露：量多、色鲜红，含有大量血液（又名血性恶露），还有小血块及坏死的蜕膜组织。

2.浆性恶露：色淡红，含多量浆液、少量血液，但有较多的坏死蜕膜组织、宫颈黏液、宫腔渗出液，且有细菌。浆性恶露持续10天左右，浆液逐渐减少，白细胞增多，恶露变为白色恶露。

3.白色恶露：黏稠，色泽较白，含大量白细胞、坏死蜕膜组织、表皮细胞及细菌等。白色恶露持续2~3周。

正常恶露有血腥味，但无臭味，一般红色恶露持续约1周，以后逐渐转变成浆性，约2周后转为白色恶露，白色恶露可持续2~3周。共持续4~6周，总量为250~500毫升，持续时间及总量个体差异较大。

通过对恶露的观察，注意其质和量、颜色及气味的变化以及子宫复旧情况，可以了解子宫恢复是不是正常。

恶露的危害

1.产后恶露不尽有可能导致局部和全身感染，严重者可发生败血症。

2.恶露不尽还易诱发晚期产后出血，甚至大出血、休克，危及产妇的生命。

3.剖宫产所导致的产后恶露不尽还容易引起切口感染裂开或愈合不良，甚至可能切除子宫。

Q&A：为何剖宫产的恶露量比自然分娩的要少？

自然分娩产妇，医生在胎儿生出、胎盘剥离后，会经阴道、子宫颈伸入子宫内膜，清除残遗的胎盘组织和子宫内膜蜕变组织；若是剖宫产，医生在胎儿娩出、胎盘剥离后，会用纱布清除残遗的胎盘组织和子宫内膜蜕变组织，所以剖宫产的产妇恶露会较自然分娩的少。

如何排除恶露

恶露的处理

可用消毒棉，容易过敏的人也可以自己制作。将脱脂棉剪成5厘米大小，经过煮沸消毒后浸泡在2%的硼酸水或来苏液中，或者浸泡在稀释1000倍的消毒皂液中。随之将消毒过的脱脂棉装入带盖的容器中，这样使用起来很方便。脱脂棉煮沸的时间只需要5分钟即可。

更换脱脂棉时应在排尿排便之后，一定要在洗过手之后进行。在擦拭便尿的时候，要由外阴部向肛门方向擦拭。如果相反进行的话，就会把肛门部的杂菌带入分娩后留下的外阴部的伤口中，有引起感染的可能。

再者，不许用同一块消毒棉擦两次。每擦一次要更换一块。消毒后要立即垫上新的布巾或脱脂棉，随后系上丁字带或月经带。垫脱脂棉时，要把纱布垫在上面，否则棉絮就会粘在外阴部上。

产后恶露的注意事项

1.分娩后绝对卧床休息，恶露多者要注意阴道卫生，每天用温开水或1：5 000的高锰酸钾液清洗外阴部。选用柔软的消毒卫生纸，经常换月经垫和内裤，减少病毒侵入机会。

2.使用的垫纸质地要柔软，要严密消毒，防止发生感染。

3.卧床休息静养，避免情绪激动，保持心情舒畅，消除思想顾虑，特别要注意意外的精神刺激。

4.保持室内空气流通，祛除秽浊之气，但要注意保暖，避免受寒。若血热证者，衣服不宜过暖。

5.恶露减少身体趋向恢复时，可鼓励产妇适当起床活动，有助于气血运行和子宫余浊的排出。

6.产后未满50天绝对禁止房事。

7.加强营养，饮食适宜清淡，忌生冷、辛辣、油腻、不易消化食物。为了避免温热食物助邪，可多吃新鲜蔬菜。若气虚者，可给予鸡汤、桂圆汤等。若血热者可食梨、橘子、西瓜等水果，但宜温服。

8.属血热、血瘀、肝郁化热的产妇，应加强饮料服食，如藕汁、梨汁、橘子汁、西瓜汁，以清热化瘀。

9.脾虚气弱的产妇，遇寒冷季节可增加羊肉、狗肉等温补食品。肝肾阳虚的产妇，可增加滋阴食物，如甲鱼等。

排毒食谱之早餐

益母草汁粥

原料	
粳米	100 克
鲜益母草	100 克
鲜生地黄	100 克
姜	10 克
蜂蜜	10 克

益母草

制作方法

1. 粳米用清水淘洗干净，浸泡 1 小时。
2. 鲜益母草、鲜生地黄、姜分别洗净，并分别榨汁 10 毫升、40 毫升、2 毫升。
3. 砂锅内放适量清水，加粳米，大火煮沸，转中小火煮至粥成，加益母草汁、鲜生地黄汁、姜汁、蜂蜜，煮成稀粥即可。

营养师语

益母草又称坤草，性辛、微寒，味微苦，具有活血调经、祛瘀止痛、利尿消肿、清热解毒等功效。益母草主要含有益母草碱甲和乙、水苏碱、油酸等，能明显增强子宫肌肉持久的收缩和紧张性。因其常用于妇女血脉阻滞之月经不调、经行不畅、小腹胀痛、产后恶露不尽等病症的治疗，被视为"妇科经产要药"。

饮食宜忌

脾虚泄泻胃寒食少、胸膈有痰者慎服生地黄。阴虚血少、月经过多、寒滑泻利者禁食益母草。

月子锦囊

煮益母草粥忌用铁器。孕妇吃姜一次不宜过多，以免吸收大量姜辣素，在经肾脏排泄过程中会刺激肾脏，并产生口干、咽痛、便秘等"上火"症状。

红糖小米粥

原料

小米…………150 克
红枣………… 30 克
红糖………… 10 克
花生碎、瓜子仁各适量

小米

制作方法

1. 小米淘洗干净，用清水浸泡 30 分钟左右；红枣洗净，去核，切碎备用。

2. 砂锅内加入适量清水，放入小米，大火煮沸，转小火慢慢熬煮，待小米煮开时放入红枣碎，搅拌均匀后继续熬煮。

3. 待红枣肉软烂后放入红糖、花生碎、瓜子仁拌匀，再熬煮 10 分钟即可。

营养师语

小米味甘、咸，性凉，具有健脾和胃、补益虚损、和中益肾、除热、解毒的功效。小米富含维生素 B_1 和维生素 B_2，膳食纤维素含量也很高，能帮助坐月子的妈妈恢复体力，刺激肠胃蠕动、增进食欲。红糖性温味甜，具有补脾益气、活血化瘀、散寒止痛的功效，产后用红糖配方或作药引饮服，常能起到较好的治疗效果。

饮食宜忌

小米适宜女性平日食用，产妇多吃为佳。

月子锦囊

小米粥表面漂浮的一层"米油"，其营养极为丰富，产妇食用最佳，所以千万不能弃之。

小米甘薯粥

原 料

小米	100 克
甘薯	50 克
胡萝卜	20 克

甘薯

制作方法

1. 将甘薯洗净，去皮，切块；小米洗净；胡萝卜洗净，去皮，切条。
2. 锅内加入适量清水和小米、甘薯、胡萝卜，大火煮至沸腾。
3. 转小火熬 1 小时，待粥稠米烂时即可。

— 营养师语 ▶

　　甘薯富含膳食纤维，能刺激肠道的蠕动，促进排便；甘薯皮下有一种白色液体，含有紫茉莉苷，有预防产妇便秘的功效。

— 饮食宜忌 ▶

　　不宜食用有黑斑的甘薯，有黑斑的甘薯黑斑病毒不易被高温破坏及杀灭，容易引起中毒，出现发热、恶心、呕吐、腹泻等一系列中毒症状，甚至可导致死亡。

— 月子锦囊 ▶

　　月子主食不能完全以小米为主，否则会造成营养的流失，而且小米中赖氨酸的含量太低，摄入过量会影响蛋白质的吸收。

山药赤豆粥

原料

山药 ……………… 100 克
赤豆 ……………… 50 克
薏米 ……………… 50 克
冰糖 ……………… 10 克

赤豆

制作方法

1. 山药去皮，切丁；薏米、赤豆均洗净，用冷水浸泡2~3小时，捞出后沥干水分。

2. 砂锅中加入适量冷水，加山药、薏米，煮至烂熟，取出；再加水，放入赤豆，大火煮沸，改小火煮30分钟。

3. 加入山药、薏米，再以大火煮沸，改小火煮约15分钟，放冰糖，搅匀，再焖10分钟即可。

营养师语

　　赤豆性平，味甘、酸，具有健脾利水、解毒消痈、消利湿热的作用。赤豆有较多的膳食纤维，具有润肠通便、降血压、降血脂、调节血糖、解毒、预防结石、健美减肥的功效，对月子里的妈妈预防便秘、排除毒素有益。赤豆还富含叶酸，有催乳的功效。

饮食宜忌

　　赤豆有利尿作用，尿频者不宜多食。

月子锦囊

　　产后缺奶、产后水肿者，可单用赤豆煎汤喝或煮粥食用。煮粥时沸水下锅，会减少糊底现象，而且比冷水熬粥更省时间。

甘薯燕麦粥

原料

燕麦

甘薯…………200 克
燕麦片……… 40 克
粳米………… 50 克

制作方法

1. 甘薯洗净，去皮，切小块；燕麦片加凉水，浸泡片刻；粳米洗净，浸泡30分钟。

2. 砂锅内加适量水，先放入粳米，大火煮沸，再放甘薯块，大火煮沸，转中火煮15分钟至粳米熟烂、甘薯煮熟、汤汁稍显浓稠。

3. 放燕麦片再煮10分钟，熄火，加盖闷10分钟即可。

营养师语

燕麦粥有通大便的作用，能解便秘，月子里的妈妈容易便秘，可适量食用。燕麦粥还可以改善血液循环，所含有的磷、钙、铁、锌等矿物质，有促进伤口愈合、防止贫血的功效。

哺乳期的妈妈们能吃燕麦片，但格外注意的是要食用纯燕麦片。

饮食宜忌

燕麦一次不宜食用太多，否则会造成胃痉挛或腹胀，而且食用过多也容易滑肠、催产，所以孕妇最好忌食。

月子锦囊

甘薯最好切小块，大块不易煮烂；燕麦片不要浸泡过久，在下锅前用热水冲泡一下即可。

糙米花生豆浆

 **原 料**

糙米…………… 70 克
熟花生仁……… 10 克
红糖……………适量

糙米

制作方法

1. 糙米淘洗干净，用清水浸泡3小时。
2. 将糙米、熟花生仁一起放入豆浆机内，加适量清水，接通电源，启动豆浆机，按"五谷"键。
3. 待豆浆成，加入红糖搅匀即可。

营养师语

糙米能提高人体免疫机能，促进血液循环，消除沮丧烦躁的情绪，且有预防心血管疾病、贫血症、便秘、肠癌等功效。红糖性温，味甘，具有益气、缓中、化食、补血破瘀的功效，对产妇有益。

饮食宜忌

肥胖、胃肠功能障碍、贫血、便秘者宜食用糙米；产妇适合食用红糖，但不要食用时间太久，一般半个月为佳。

月子锦囊

糙米口感较粗、质地紧密，煮起来也比较费时，煮前可将它淘洗后用冷水浸泡过夜，然后连浸泡水一起投入锅中。产妇食用时一定要彻底煮烂，以免影响消化，导致便秘。

排毒食谱之午餐

炒土豆丝

原料

土豆

土豆……………400 克
食用油、酱油、盐、米
醋、葱花和花椒各适量

制作方法♪

1. 土豆去皮，洗净，切成细丝，放于清水中浸 10 分钟，洗去淀粉。
2. 锅置火上，注入适量食用油烧热，放入葱花、花椒略炒，然后倒入土豆丝。
3. 将土豆丝炒匀，炒至土豆丝将熟，加酱油、醋、盐炒匀，出锅装盘即可。

营养师语

土豆味甘，性平、微凉，有和胃调中、健脾利湿、解毒消炎、宽肠通便、活血消肿、益气强身等功效。土豆含有大量膳食纤维，能宽肠通便，帮助产妇及时排泄代谢毒素，防止便秘、预防肠道疾病的发生。

饮食宜忌

因食用太多土豆容易胀气，故孕妇慎食。

月子锦囊

土豆放几天就容易变绿，此时皮中龙葵碱含量很高，一般人食用后易中毒，因此月子里的妈妈一定不能食用表皮发绿和发芽的土豆。

洋葱炒蛋

原料

洋葱·············200 克
鸡蛋·············100 克
火腿············· 50 克
盐、酱油、香油、食用油各适量

洋葱

制作方法

1. 把鸡蛋磕在碗里，加入盐打匀；洋葱去皮，切成片；火腿切成细丝。

2. 锅置火上，放入食用油烧热，倒入鸡蛋液，待成形时铲出。

3. 锅内放食用油烧热，放入洋葱片翻炒片刻，加盐、酱油和火腿丝，炒熟，放入鸡蛋，翻炒均匀，淋香油，出锅装盘即可。

营养师语

洋葱味甘、微辛，性温，具有润肠、理气和胃、健脾进食、发散风寒、提神健体、散瘀解毒的功效。月子里的妈妈适当吃些洋葱，可以增进食欲、促进排毒。

饮食宜忌

洋葱一次不宜食用过多，患有瘙痒性皮炎、急性眼疾等的产妇忌食洋葱。

月子锦囊

产妇不可过量食用洋葱，因为它易产生挥发性气体，过量食用会引起胀气和排气过多。

炒鲜芦笋

原料

鲜芦笋…………500克
盐、食用油、香油、
蒜蓉、水淀粉各适量

芦笋

制作方法

1. 鲜芦笋洗净，切成3厘米长的段。
2. 芦笋放入沸水中氽透，捞出投凉，沥净水分备用。
3. 锅置火上，放食用油，大火烧至九成热，放入蒜蓉炝锅，加适量水，加盐翻炒，再放入芦笋，翻炒均匀，用水淀粉勾薄芡，淋香油，出锅装盘即可。

营养师语

芦笋味道鲜美芳香，且又柔软可口，能增进食欲、帮助消化。芦笋嫩茎中富含蛋白质、维生素、硒、钼、镁、锰等人体所需的微量元素，是预防癌症的佳品。此外，还有清热解毒、生津利水的功效，月子里的妈妈适量食用，可帮助消化，促进体内毒素的排出。

饮食宜忌

芦笋含有少量嘌呤，痛风患者不宜多食。

月子锦囊

芦笋不宜生吃，也不宜存放1周以上才吃，应低温避光保存。烹饪时，鲜芦笋氽水时间不要过长，炒的时候用大火速成。

山药香菇鸡

山药

原料

新鲜山药·········300 克
鸡腿············500 克
胡萝卜·········· 100 克
香菇············· 100 克
酱油、盐、糖各适量

制作方法

1. 新鲜山药洗净，去皮，切厚片；香菇泡软，去蒂；胡萝卜洗净，切片；鸡腿洗净，切小块，入沸水汆烫，去除血水后冲净。

2. 将鸡腿放入锅内，加入酱油、盐、糖、香菇，放适量清水，大火煮沸。

3. 改小火，煮 10 分钟，加入胡萝卜片、山药片，再煮约 10 分钟，至汤汁稍干即可。

营养师语

　　山药不但含有黏蛋白，而且还有大量的膳食纤维。这种薯类食物的膳食纤维，在肠道里它大量吸收水分，刺激肠道蠕动，可以把肠道里一些氧化的自由基或一些不好的代谢废物排出体外，所以说山药有润肠排毒的作用。香菇性平，味甘，有化痰理气、益胃和中、托疹解毒的功效。月子里的妈妈食用，不仅可以补充营养，还能帮助排毒。

饮食宜忌

　　脾胃寒湿气滞或皮肤瘙痒的患者忌食香菇。

月子锦囊

　　特别大的鲜香菇大多是用激素催肥，产妇要慎食，以免激素通过母乳影响婴儿的身体健康。

益母草香附鸡肉汤

香附

鸡肉·············250 克
益母草·········· 10 克
香附·············· 10 克
葱、盐各适量

制作方法

1. 将益母草、香附洗净；葱洗净，切段；鸡肉洗净，切成小块。

2. 锅内放水煮沸，放入鸡肉氽水，再捞出洗净。

3. 把益母草、葱段、香附和鸡肉一起放入砂锅内，加入适量清水，煮 2 小时，加盐调味即可。

营养师语

香附味辛、甘、微苦，性平，具有理气解郁、调经止痛、活血化瘀等功效，对产后恶露不尽有益。香附若与芡实煮粥食用，也有疏肝理气、固摄乳汁的作用。可用于防治产后肝气郁滞、乳汁自出。

饮食宜忌

气虚无滞者慎服香附。

月子锦囊

烹饪时勿使香附接触铁器。

苹果核桃鲫鱼汤

原料

苹果

苹果……………… 1个
核桃肉………… 60克
鲫鱼……………… 1条
姜片、食用油、盐各适量

制作方法

1. 苹果去皮、核，洗净，切块；鲫鱼去腮、鳞、内脏，洗净；核桃肉洗净。
2. 锅内放食用油烧热，放姜片；将鲫鱼两面煎至金黄色。
3. 砂锅内放适量清水，加入苹果、煎好的鲫鱼、核桃肉，大火煮沸后，改用小火煮1小时，加盐调味即可。

营养师语

苹果味甘、酸，性凉，具有生津、润肺、除烦解暑、开胃、醒酒、止泻等功效。苹果含有丰富的果胶，可加速排毒，月子里的妈妈在排毒期可适量食用。姜性温，味辛，具有解毒、止泻、解表散寒、健胃益胃等功效，产妇的菜中适当放点姜，有利于排除恶露，但不宜多食。

饮食宜忌

苹果性凉，不宜过多生食。

月子锦囊

很多苹果上了蜡，但一些是用工业蜡而非食用蜡。工业蜡中含汞、铅，可能会给人体带来危害，月子期的妈妈食用后，可通过母乳传给婴儿。所以在挑选苹果时，可用手或餐巾纸擦拭，如能擦下一层淡淡的红色，很有可能是工业蜡。苹果食用前应用盐水清洗，或者去皮。

花生莲藕排骨汤

莲藕

原料

花生…………………200 克
莲藕…………………400 克
猪排骨………………600 克
姜、盐各适量

制作方法

1. 猪排骨洗净，斩件；莲藕洗净，去皮，切大块；姜切片；花生洗净。
2. 砂锅内放适量清水煮沸，放猪排骨汆去血渍，倒出，用温水洗净。
3. 砂锅内放入适量清水，再放入猪排骨、花生、莲藕块、姜片，大火煮沸，转小火煲 2 小时，调入盐，即可食用。

营养师语

莲藕富含铁、钙、植物蛋白、维生素、淀粉等营养成分，有明显的补益气血、增强人体免疫力作用。月子里的妈妈吃莲藕能及早清除子宫内积存的瘀血，增进食欲。莲藕的膳食纤维丰富，能增加肠道蠕动，促进排出废物。

饮食宜忌

藕性寒，生吃清脆爽口，但不利于消化。脾胃消化功能低下、大便溏泄者不宜生吃。藕性偏凉，产妇不宜过早食用，一般产后 1~2 周后再吃藕可以逐瘀。

月子锦囊

为月子里的妈妈做菜要处处小心。食用莲藕要挑选外皮呈黄褐色、肉肥厚而白的。如果发黑、有异味，则不宜食用。

排毒食谱之晚餐

牛奶芙蓉蛋

鸡蛋

原料

鸡蛋……………… 6 个
鸡蛋黄………… 50 克
牛奶………… 50 毫升
食用油、糖各适量

制作方法

1. 鸡蛋取蛋清，加水打散，小火蒸熟，用勺子挖成块状，装入深碟内。鸡蛋黄蒸熟切粒。

2. 锅内放食用油烧热，加入牛奶、糖、鸡蛋黄，煮沸，出锅，淋在鸡蛋清上即可。

营养师语

鸡蛋味甘，性平，是月子里的最佳食物之一。其富含蛋白质且利用率高，蛋白质品质仅次于母乳，还含有卵磷脂、卵黄素及多种维生素和矿物质，不但有助于月子里的新妈妈恢复体力，还能维护神经系统的健康。

饮食宜忌

鸡蛋不能与兔肉同吃，二者同食会刺激胃肠道，引起腹泻。

月子锦囊

月子期每天可以食用 3~5 个鸡蛋，不宜过多，而且必须熟食，打蛋时也须提防沾染到蛋壳上的杂菌。此外，鸡蛋缺乏维生素 C，可以搭配一些富含维生素 C 的食物食用，如西红柿、青辣椒等。

芦笋鲜蘑

原料

芦笋·······························400 克
鲜蘑菇·····························100 克
香油、盐、淀粉、高汤各适量

制作方法

1. 将芦笋洗净，并剖开，切 3 厘米长的斜刀片；鲜蘑菇洗净，切成整圆片。

2. 将芦笋和鲜蘑菇入沸水锅里略汆，捞起沥干。

3. 将锅烧热，入高汤、芦笋、鲜蘑菇、盐煮沸，撇去浮沫，改中火烩 10 分钟后，用水淀粉勾薄芡，淋上香油即可。

营养师语

鲜蘑菇性寒，味甘、微咸，无毒，能消食祛热、补脾益气、清暑热、滋阴壮阳、增加乳汁、防止坏血病、促进创伤愈合、护肝健胃、增强人体免疫力，是优良的食药兼用型的营养保健食品。

饮食宜忌

鲜蘑菇性寒，脾胃虚寒者忌食。此外，无论鲜品还是干品都不宜浸泡时间过长。

月子锦囊

鲜蘑菇可炒、熘、烩、烧、酿、蒸等，也可做汤，或做各种荤菜的配料，月子里的妈妈可根据自己的喜好以鲜蘑菇为原料做各种美食。

玉米粉蒸红薯叶

原料

红薯叶·························· 800 克
玉米粉·························· 100 克
盐、料酒、香油各适量

制作方法

1. 将红薯叶择好，洗净，切成宽丝，用水搓洗几遍去掉黑水。
2. 将红薯叶、玉米粉、盐、料酒和香油搅拌到一起。
3. 将搅拌好的红薯叶上蒸笼，用大火蒸熟即可。

营养师语

红薯叶性平，味甘、微凉，有生津润燥、健脾宽肠、养血止血、通乳汁、补中益气、通便等功效。红薯叶中含有胡萝卜素、维生素C、钙、磷、铁及人体必需氨基酸，其中含丰富的黄酮类化合物，能捕捉在人体内兴风作浪的氧自由基"杀手"，具有抗氧化、提高人体抗病能力、延缓衰老等作用。

饮食宜忌

一般人群均可食用玉米，血虚便秘者服食更佳。

月子锦囊

红薯叶越红越嫩，越绿越老。做此菜时不宜选用过嫩或过老的红薯叶，搓洗时应稍加用力。

多宝蒸土豆

土豆

土豆…………400 克
虾仁、香菇、青豆粒、
马蹄、姜、盐、水淀粉、
熟鸡油各适量

制作方法

1. 土豆去皮洗净，切成块，入笼蒸烂，用刀压成泥；马蹄、虾仁、香菇洗净后去杂，均切成粒；姜洗净，切末。

2. 土豆泥装入深碗内，加虾仁粒、香菇粒、青豆、马蹄粒、姜末、盐、水淀粉拌匀。

3. 锅内倒入清水煮沸，将拌好的土豆泥入锅蒸30分钟，取出反扣入碟内，淋上熟鸡油即可。

营养师语

土豆含有大量膳食纤维，能宽肠通便，帮助机体及时排泄代谢毒素，防止便秘，预防肠道疾病的发生。土豆还含有大量淀粉以及蛋白质、B族维生素、维生素C等，能促进脾胃消化，具有和中养胃、健脾利湿的功效。

饮食宜忌

土豆具有美容、抗衰老、减肥的功效，月子里的妈妈可适量食用。但土豆中含有大量的蛋白质，过多食用会引发肥胖，从而引起妊娠期综合征，尤其在孕后期应少吃。

月子锦囊

切好的土豆片、土豆丝放入水中，去掉过多的淀粉以便烹调，但不要泡得太久，否则可致水溶性维生素等营养流失。

山药牛蒡萝卜汤

原料

牛蒡……………500克
山药……………180克
胡萝卜…………500克
山楂…………… 15克
盐………………适量

山楂

制作方法

1. 山药去皮，切块；山楂用清水冲洗；胡萝卜削皮，切滚刀块。

2. 牛蒡削皮，洗净，切块，用淡盐水浸泡。

3. 将牛蒡块、山药块、胡萝卜块、山楂一同放入砂锅内，加适量清水，大火煮沸后，改用小火煮至牛蒡熟软，加盐调味即可。

营养师语

山楂味甘、酸，性微温，具有消食健胃、活血化瘀、驱虫等功效，不仅能够帮助产妇增进食欲、促进消化，还可以散瘀血。而且，山楂对子宫有收缩作用，能促进产后子宫复原。

饮食宜忌

山楂可以刺激子宫收缩，有可能诱发流产，孕妇不宜吃。平且脾胃虚弱者不宜食用山楂。

月子锦囊

月子里的妈妈可以吃点新鲜山楂，酸甜可口，能增强食欲，帮助消化，并能促使子宫收缩和加快恶露的排出，但切记要适量，最好煲汤或煮水喝。

茼蒿鱼头汤

原料

茼蒿···············250 克
鳙鱼头·············1 个
姜、食用油、盐各适量

茼蒿

制作方法

1. 将鳙鱼头去鳃洗净，用刀剖开；茼蒿择洗干净，备用；姜洗净，切片。
2. 锅置火上，放食用油烧热，将鳙鱼头煎至微黄色。
3. 砂锅内加适量清水，用大火煮沸，放入鳙鱼头、姜片，转用中火继续煮10分钟，再放入茼蒿，待熟时加盐调味即可。

营养师语

茼蒿味辛、甘，性平，含有特殊香味的挥发油，其有助于宽中理气、消食开郁、避秽化浊。另外，其所含的粗膳食纤维有助于肠道蠕动，促进排便，达到通腑利肠的目的，有益于月子里的妈妈排毒。鳙鱼头属高蛋白、低脂肪、低胆固醇食物，对心血管系统有保护作用。

饮食宜忌

茼蒿辛香滑利，胃虚泄泻者不宜多食。鳙鱼性偏温，热病及有内热、荨麻疹、癣病、瘙痒性皮肤病患者忌食。

月子锦囊

茼蒿的排毒保健效果好，而且在鱼等肉类中加些茼蒿，可促进肉类蛋白质的代谢，对营养的摄取有益。但是茼蒿中的芳香精油遇热易挥发，单独烹调时应大火快炒。

萝卜鲫鱼汤

白萝卜

原料

鲫鱼·············500 克
山药············· 50 克
萝卜·············300 克
食用油、姜、盐各适量

制作方法

1. 山药洗净，切块，用清水浸泡 1 小时；萝卜去皮，洗净，切成片；鲫鱼去鳞、鳃、内脏，洗净；姜洗净，切片。

2. 锅内放食用油烧热，放姜片，将鲫鱼两面煎至金黄色。

3. 砂锅内放适量清水，煮沸后加入鲫鱼、山药块、萝卜片，大火煮沸，改用小火煮 1 小时，加盐调味即可。

营养师语

萝卜性凉，味辛、甘，具有消积滞、化痰清热、下气宽中、解毒等功效。萝卜中的芥子油和膳食纤维可促进胃肠蠕动，有助于体内废物的排出。萝卜还含有能诱导人体自身产生干扰素的多种微量元素，可增强机体免疫力，抑制癌细胞的生长。

饮食宜忌

萝卜性偏寒凉而利肠，脾虚泄泻者慎食或少食，先兆流产、子宫脱垂等患者忌食。

月子锦囊

白萝卜宜生食，但要注意吃后半小时内不能进食，以防其有效成分被稀释。另外，萝卜性凉，月子里的妈妈不可生食。

牛蒡萝卜
炖排骨

原料

排骨	250 克
牛蒡	1/2 根
玉米	120 克
胡萝卜	180 克
盐	适量

制作方法

1. 将排骨汆水至煮出血沫，用冷水冲洗干净，备用。
2. 牛蒡用钢丝球擦去表面的黑色外皮，切成段；玉米切段；胡萝卜切成滚刀块。
3. 把排骨、牛蒡、玉米、胡萝卜一起放入炖锅中；加适量水，大火煮开后，改用小火炖60分钟，加盐调味即可。

营养师语

牛蒡根味苦、微甘，性凉，具有清热散风、解毒消肿的功效。牛蒡可促进血液循环及新陈代谢，并能调整肠胃功能。其富含膳食纤维可保持水分，软化粪便，有助排毒，消除便秘。

饮食宜忌

一般人群都可食用牛蒡，但腹疼胀气者忌食。

月子锦囊

月子期的妈妈可以适当喝一些牛蒡茶，不但可以排除人体毒素，其还能对新妈妈的身体进行滋补和调理。

排毒食谱之点心

绿豆沙

原料

绿豆……………200 克
小苏打……………2 克
糖………………适量

绿豆

制作方法

1. 绿豆洗净，加适量清水和小苏打泡6小时。
2. 锅内放适量清水，加绿豆，以大火煮沸，转小火再煮。
3. 用漏勺将豆皮捞出，再用勺子不停地压剩下的绿豆，使其成泥状，加糖调味，继续熬煮至浓稠即可。

营养师语

　　绿豆味甘，性凉，具有清热解毒、消暑除烦、止渴健胃、利水消肿等功效。绿豆中所含的蛋白质、磷脂均有兴奋神经、增进食欲的功能，是机体许多重要脏器增加营养所必需的。

饮食宜忌

　　绿豆性凉，体质较好的产妇可以喝绿豆汤，体质虚寒的产妇不宜常喝绿豆汤。一般产后 1~2 周后才能喝。

月子锦囊

　　月子里的妈妈最好不要喝刚从冰箱里拿出来的冰镇绿豆汤，产妇产后身体虚弱，最忌着凉，宜喝温或热的绿豆汤。

黑糯米莲藕片

原料

黑糯米

莲藕…………500 克
黑糯米………100 克
青豆仁……… 40 克
冰糖、盐、糖、淀粉各适量

制作方法

1. 黑糯米洗净，用清水浸泡2小时，沥干；莲藕洗净，去皮，在较粗的一端切一个口，再塞入泡好的黑糯米。

2. 将莲藕入锅大火蒸30分钟，加入冰糖及盐，再以小火蒸约2小时，取出晾凉，切成约0.8厘米厚片，排盘，再次入锅蒸10分钟。

3. 青豆仁倒入果汁机，加适量水，榨成汁，倒入锅中煮沸，加糖，改小火，用水淀粉勾芡，从装莲藕的盘边倒入即可。

营养师语

黑糯米味甘，性温，富含蛋白质、碳水化合物、B族维生素、钙、铁、钾、镁等营养成分，具有补中益气、健脾养胃、止虚汗、明目活血等功效，对产妇产后虚弱、病后体虚以及贫血、肾虚均有很好的补养作用。

饮食宜忌

黑糯米不易消化，不宜多吃。

月子锦囊

黑糯米有收敛作用，如月子里的妈妈吃糯米导致便秘，可以喝点萝卜汤化解。

胡萝卜红糖水

原料

胡萝卜

胡萝卜…………500 克
红糖………………适量

制作方法

1. 胡萝卜洗净，去两头，切块。
2. 砂锅内放适量清水，加胡萝卜、红糖，大火煮沸后，改中小火煮熟透，其间需要经常搅拌，至煮熟即可。

营养师语

胡萝卜味甘，性平，具有健脾消食、润肠通便、杀虫、行气化滞、明目等功效。胡萝卜含有植物纤维，吸水性强，在肠道中体积容易膨胀，是肠道中的"充盈物质"，可加强肠道的蠕动，从而利膈宽肠、通便防癌。胡萝卜对人体具有多方面的保健功能，被誉为"小人参"，月子里的妈妈可适量食用。

饮食宜忌

饮食过饱引起食积气滞及患有急性菌痢等病症者适宜食用胡萝卜，体弱气虚者不宜食用。

月子锦囊

优质胡萝卜集中表现为"三红一细"。"三红"指表皮、肉质（韧皮部）和芯柱均呈橘红色，"一细"是指芯柱要细。

益母草茶

原料

益母草（干品）…20克
绿茶……………… 2克

绿茶

制作方法

1. 益母草和绿茶略微冲洗。
2. 将益母草、绿茶放入杯中。
3. 用沸水冲泡，加盖，5分钟后可饮。

营养师语

茶叶富含维生素K、维生素C等成分，具有促进膳食纤维溶解、降血压、降血脂的作用，对防治心血管疾病有利，还有抗血小板凝集的作用，有助于产妇恶露的排出。茶叶中维生素A、维生素E含量丰富，并含有多种防衰的微量元素，能抗氧化、防辐射、提高免疫力。

饮食宜忌

妇女哺乳期不宜饮浓茶，哺乳期饮浓茶，过多的咖啡因会进入乳汁，小孩吸乳后会间接地产生兴奋，易引起少眠和多啼哭。

月子锦囊

目前没有科学资料显示喝茶会对哺乳期女性母乳分泌产生影响，也没有资料显示会影响宝宝健康，因此可以适量喝一点。但注意不要大量饮用，大量饮茶，茶中的高浓度鞣酸进入血液循环后，有可能抑制乳腺分泌，造成乳汁分泌不足。

橘子苹果甜汤圆

原料

橘子

橘子…………100 克
苹果…………150 克
小汤圆…………150 克
冰糖…………适量

制作方法

1. 橘子剥成瓣；苹果去皮，切丁。
2. 锅内放橘子瓣、苹果丁、冰糖，加适量水煮沸。
3. 加入汤圆，煮至汤圆浮起即可。

营养师语

橘子内侧薄皮含有膳食纤维及果胶，可促进通便，果胶对排毒也有一定的功效。橘子富含维生素 C 与柠檬酸，前者具有美容作用，后者则具有消除疲劳的作用。

饮食宜忌

患有慢性肝炎和高血压患者，多吃蜜橘可提高肝脏解毒作用，加速胆固醇转化，防止动脉硬化。

月子锦囊

汤圆大多以糯米粉为皮，不易消化，不可多食。橘子含热量较多，如果一次食用过多，就会"上火"，促发口腔炎、牙周炎等，月子里的妈妈需注意。

腐竹
鹌鹑蛋糖水

鹌鹑蛋

原料

腐竹…………… 100 克
鹌鹑蛋………… 8 个
银耳…………… 30 克
糖………………适量

制作方法

1. 腐竹浸软，撕块；银耳浸泡 1 小时，剪去硬蒂，氽水，沥干；冰糖碾碎。

2. 鹌鹑蛋煮熟，浸水，去壳。

3. 锅中加清水 500 毫升，煮沸后下银耳煲30 分钟，加入冰糖、腐竹，煮至冰糖完全溶解，再放入鹌鹑蛋即可。

营养师语

鹌鹑蛋的营养价值不亚于鸡蛋，其富含蛋白质、脑磷脂、卵磷脂、赖氨酸、胱氨酸、维生素A、B族维生素、磷、钙、铁等营养成分，可补气益血，适于产妇食用。银耳富有天然植物性胶质，具有滋阴作用。

饮食宜忌

鹌鹑蛋适宜婴幼儿、孕产妇、老人及身体虚弱的人食用。

月子锦囊

银耳宜用开水泡发，泡发后应去掉未发开的部分，特别是那些呈淡黄色的东西。

PART 3

滋补阶段

月子期进补的重要性

"产后进补"这个观念源于我们的祖先，古代中医学认为："产后气血暴虚，理当大补"。坐月子最早可以追溯至西汉《礼记》，距今已有两千多年的历史。当时称之为"月内"，是产后必需的仪式性行为。所谓"产前补胎，产后顾月内"，坐月子对母亲、婴儿来说都很重要，长辈们相信并且强调月子坐得好，体质才能调养得好。

过去，"坐月子"是平日劳动辛苦、营养不足的妇女休息、调整身体的好时机。

有种说法是"坐月子是女人第二次生命"，此话不假。坐月子是女性产后改变体质的重要阶段，通过饮食和生活调理，女性可以调整和改善一些身体的老毛病。

从中医学角度讲，因为经过生产时的用力与出血、体力耗损，处于"血不足，气亦虚"的状态，需6~8周的时间才能恢复到怀孕前的生理状态。这段时间的调养正确与否，关系到未来日子的身体健康，如果能抓住生产的机会调整体形，或治疗某些生产之前身体上出现的症状，按照正确的方法坐月子，好好地补充营养，充分休息，就能带给你往后几十年的健康身体。

产妇生产前，腰部交感神经兴奋，促成子宫蠕动、阵痛、收缩，小孩才能从子宫中娩出。在这个过程中，产妇的腰间椎、子宫壁的肌肉、子宫颈、阴道、会阴容易受伤，同时也容易因失血过多而产生头晕和口渴现象。坐月子给了女人一个休整时间，让身体从"异常"状态转向"正常"状态。

中医认为，许多药材能对女性产后状态恢复有作用：

女性多半血压偏低，有贫血现象，如果要对抗缺氧的产后血晕和口干，人参可以发挥作用；

赤芍可缓解腹腔内瘀血性急迫性疼痛；

干姜和附子能够促进微细血管蠕动并促成大量快速造血，有助于减缓产后末梢供血不足的酸麻晕疼；

自然生产的产妇由于会阴裂伤，黄芩一方面能够消炎，另一方面可退热和止渴；

杜仲可治腰酸；

当归和桃仁能促进肠子蠕动和子宫收缩，同时还能活血化瘀。

因此，食补是最佳的月子调理法，每位新妈妈都能借此温和地改变体质。

月子期进补注意事项

有数据表明，女性产后应少食多餐，菜式要考虑营养均衡。主食要比怀孕晚期增加一些，还要多吃蛋白质和蔬菜。不宜大吃大喝、大鱼大肉，膳食要调理得当、合理。

合理的饮食、良好的睡眠和适当的调理，都有助于养好产后妈妈的身体。中国人最讲究坐月子的吃食，的确，月子期间均衡的饮食营养，不仅可以让奶水充裕、身体快速恢复，还对皮肤和身材的恢复大有好处。那么月子期进补有什么需要注意的呢？

蔬菜水果要适量

部分蔬果属于生冷食物，加上冬天天气寒冷，不少产妇更容易忽视产后蔬菜水果的补充。但是即使是在冬季，蔬菜、水果也不能少。因蔬果不仅可以补充肉类、蛋类所缺乏的维生素 C 和纤维素，还可以促进食欲，帮助消化及排便，防止产后便秘。一些体质虚寒的新妈妈冬天吃水果可能会引起不适，可以将这些水果切块后，用水稍煮一下，连渣带水一起吃。爆炒青菜时可以放些姜，可以起到祛风散寒的作用。

肉类进补不宜太多

产妇产后元气大伤，需要适当进食一些高蛋白质食物，如鸡、鱼、瘦肉、蛋、牛奶等，但如果产妇在坐月子期间，尤其是在吃得多动得少的冬季大量进补，很容易造成营养过剩，反而不利于体形的恢复，因此产妇进补肉类要注意适可而止。产妇坐月子期间食品应该多样化，营养要更加均衡，鸡、瘦肉、排骨、鱼、蛋等虽有补益的作用，但是也不宜过量。

滋补中药注意适度

阿胶、桂圆、红糖是产后补气血的滋补佳品，尤其是红糖，价格便宜又容易买到，做法也不复杂，只要用水对开即可。因此，不少产妇产后都喝红糖水补血。中医也认为，红糖有益气补中、健脾暖胃、化食解疼之功，又有活血化瘀之效。产后喝红糖水有利于子宫收缩、复原和恶露的排出等。殊不知，如果红糖食用时间过长，反而会使恶露增多，导致慢性失血性贫血，而且会影响子宫恢复以及产妇的身体健康。因此，产妇食用红糖最好控制在 10 ~ 12 天之内。

滋补食谱之早餐

糯米阿胶粥

原料

糯米……………100 克
阿胶……………15 克
红糖……………适量

阿胶

制作方法

1. 糯米淘洗干净，用清水浸泡1小时；阿胶捣碎。
2. 糯米放入砂锅中，加入适量清水，以大火煮沸，改小火煮至粥将成时放入阿胶，边煮边搅匀。
3. 起锅前放入少许红糖，煮溶拌匀即可。

营养师语

阿胶味甘，性平，具有补血、止血、滋阴润燥的功效。阿胶能够促进造血、凝血和降低血管通透性，养血补血效果好，产后适量服用，可以较快地补充气血，增进食欲，恢复体质。也适宜营养型贫血的女性、身体虚弱、免疫力低下的人食用。

饮食宜忌

脾胃虚弱者慎食阿胶。

月子锦囊

阿胶不宜直接煎，须单独加水蒸化。新熬制的阿胶不宜食用，以免"上火"。

绿豆小米粥

小米

原料	
绿豆……………	50 克
小米……………	50 克
粳米……………	30 克
糯米……………	30 克
红糖……………	适量

制作方法

1. 绿豆洗净，浸泡 1 小时，小米、粳米、糯米一起洗净。
2. 把绿豆、小米、粳米、糯米放入锅内，加适量清水，大火煮沸，转小火煮 40 分钟。期间隔 10 分钟左右搅拌一次，以免粘锅底。
3. 熄火后，加入红糖，闷 10 分钟左右，用勺子搅拌均匀即可盛出。

营养师语

　　小米粒小、色淡黄或深黄。我国北方许多妇女在生育后，都有用小米加红糖来调养身体的传统。用其熬粥营养丰富，具有滋阴养血的功能，可以使产妇虚寒的体质得到调养，帮助她们恢复体力，有"代参汤"之美称。

饮食宜忌

　　老人、病人、产妇及神经衰弱、睡眠不佳者宜食，素体虚寒、小便清长者不宜食用小米。

月子锦囊

　　熬粥的时候，为避免粥在熬的过程中溢出来，可以把大一点的不锈钢勺子放在锅里面。

芝麻燕麦粥

原料

黑芝麻	50 克
免煮燕麦片	50 克
山楂片	10 克
红糖	适量

黑芝麻

制作方法

1. 黑芝麻洗净，沥水，放入锅内炒至香脆（用粉碎机打碎亦可）。

2. 碗内放入免煮燕麦片、黑芝麻（粉）和山楂片，冲入适量热开水搅匀。

3. 加入红糖调味即可。

营养师语

黑芝麻味甘，性平，有益肝、补肾、养血、润燥、乌发、美容等作用。芝麻富含蛋白质、脂肪、钙、铁、维生素 E，能提高和改善产妇的膳食营养质量。黑芝麻的营养成分要比白芝麻更优更全面。黑芝麻富含生物素，可预防产后脱发等症。

饮食宜忌

贫血、发质差、皮肤干燥、高血压者宜食用黑芝麻。

月子锦囊

炒制黑芝麻时，要不断翻炒，火势不能过大，千万不能炒煳，否则不仅破坏营养，还影响口味。芝麻仁外面有一层稍硬的膜，把它碾碎能更易于人体吸收营养。

党参鸡肉粥

党参

原料

粳米…………… 150 克
鸡肉…………… 150 克
党参…………… 15 克
淀粉、盐各适量

制作方法

1. 党参用清水浸泡 30 分钟，捞出沥水，切片；粳米泡洗干净，用清水浸泡 30 分钟；鸡肉洗净，切薄片，加淀粉拌匀，入沸水稍烫，捞起。
2. 砂锅内放适量清水，大火煮沸，放入粳米、党参片，以大火煮沸，转小火继续煮 50 分钟，再放鸡肉片煮 10 分钟。
3. 加盐调味即可。

营养师语

党参味甘，性平，具有健脾补肺、益气养血、生津等功效。党参对神经系统有兴奋作用，能增强机体抵抗力，还具有调节胃肠运动、抗溃疡、抑制胃酸分泌、降低胃蛋白酶活性等作用。

饮食宜忌

党参不宜与藜芦同用，实证、热证禁服，正虚邪实证不宜单独应用。

月子锦囊

党参以根肥大粗壮、肉质柔润、香气浓、甜味重者为佳。鸡肉皮内油脂过多最好去掉，以免油渍过多，影响产妇食欲。

山药苹果豆浆

原料

黄豆……………100 克
山药……………80 克
苹果……………50 克

黄豆

制作方法

1. 将黄豆洗净，用清水浸泡一夜；山药去皮，切小块；苹果削皮去核，切小块。
2. 将黄豆、山药、苹果一起放入豆浆机，加水，接通电源，启动豆浆机。
3. 待豆浆制成即可。

营养师语

黄豆味甘，性平，具有健脾宽中、润燥消水、清热解毒、益气等功效。黄豆富含蛋白质和多种人体必需的氨基酸，可以提高人体免疫力。其所含的可溶性纤维，既可通便，又能降低胆固醇含量。

饮食宜忌

黄豆不可生吃，食用了不完全熟的豆浆可能出现包括腹胀、腹泻、呕吐、发烧等不同程度的食物中毒症状。

月子锦囊

黄豆在消化吸收过程中会产生过多的气体造成胀肚，所以消化功能不良、有慢性消化道疾病的产妇应尽量少食。

沙茶牛肉炒面

牛肉

原料

牛肉…………………100 克
面条…………………200 克
芥蓝、红辣椒、沙茶酱、
料酒、酱油、食用油、
水淀粉、盐各适量

制作方法

1. 牛肉洗净，切成片，用料酒、酱油和水淀粉腌5分钟；芥蓝洗净，斜切成片；红辣椒洗净，去蒂，切片。

2. 将面条煮熟，捞出，沥干水分。

3. 锅内放食用油烧热，放牛肉片炒至七成熟，加入芥蓝、红辣椒、沙茶酱同炒，再放入面条炒匀，根据口味加盐调味即可。

营养师语

牛肉味甘，性平，具有补脾胃、益气血、强筋骨、消水肿等功效。牛肉富含蛋白质，氨基酸组成比猪肉更接近人体需要，能提高机体抗病能力，对术后、病后调养的人在补充失血、修复组织等方面有益。

饮食宜忌

内热盛者禁食牛肉。

月子锦囊

牛肉一周吃一次即可，不可食用太多。月子里的妈妈用牛肉加红枣炖服，可有助于伤口愈合。

红烧牛腩面

原料

牛腩

面条………………	200 克
牛腩………………	150 克
白菜………………	70 克

红烧汤底、葱、盐各适量

制作方法

1. 牛腩切块，用沸水氽烫，捞出洗净；白菜洗净，氽水；葱洗净，切花。
2. 锅内放入红烧汤底、牛腩，大火煮沸，转小火炖煮约40分钟。
3. 面条煮熟，捞出，装碗，倒入煮好的汤和牛腩肉，放白菜、葱花，根据口味加盐调味即可。

营养师语

牛腩含有丰富的矿物质和B族维生素，包括维生素B_1、维生素B_2和烟酸等，是人体所需铁的最佳来源之一。牛腩虽然脂肪含量低，但却富含低脂的亚油酸，是潜在的抗氧化剂。

饮食宜忌

高胆固醇、高血脂、消化力弱的人以及老年人和儿童不宜多吃牛腩。

月子锦囊

牛腩即牛腹部及靠近牛肋处的松软肌肉，是指带有筋、肉、油花的肉块，黄牛的新鲜牛腩质量最好。

滋补食谱之午餐

土豆鸡蛋饼

原料

鸡蛋……………… 4 个
土豆……………150 克
洋葱……………150 克
盐、黑胡椒粉、食用油
各适量

土豆

制作方法

1. 土豆去皮，切小薄片，用水冲去表面淀粉，沥干；洋葱去皮，切小块；鸡蛋打散。

2. 锅内放入食用油烧至六成热，放入土豆片和洋葱，中火炸至土豆边缘微微变焦黄。

3. 将土豆和洋葱放入鸡蛋液中拌匀，加盐和黑胡椒粉调味。

4. 起锅倒入食用油烧热，放入鸡蛋液，摊平，小火煎至蛋饼开始凝结，翻面煎熟，切块装盘即可。

营养师语

土豆含有丰富的维生素及钙、钾等微量元素，且易于消化吸收，在欧美国家特别是北美，是第二主食。土豆所含的钾能取代人体内的钠，同时能将钠排出体外，有利于高血压和水肿患者的康复。

饮食宜忌

脾胃虚弱、消化不良、肠胃不和、脘腹作痛、大便不畅患者宜多食用土豆。

月子锦囊

土豆含有一些有毒的生物碱，但一般经过 170℃ 的高温烹调，有毒物质就会分解，月子里的妈妈煮食时要注意。

黄豆芽炖豆腐

豆芽

原料

黄豆芽…………250 克
豆腐……………300 克
清汤、食用油、盐、胡
椒粉、姜、葱、醋、香
油各适量

制作方法

1. 将黄豆芽择去须、根，洗净；姜洗净，切片；葱洗净，切末。

2. 将豆腐切块，放入沸水锅内氽水，捞出。

3. 锅中倒入食用油烧热，加入清汤以大火煮沸，放入黄豆芽、豆腐、盐、姜片，转小火煮透至入味，加葱末、胡椒粉，淋香油、醋调匀即可。

营养师语

黄豆芽味甘，性凉，具有清热利湿、消肿除痹、补气养血、润肌肤等功效。豆芽中所含的维生素E，能保护皮肤和毛细血管，防止动脉硬化，预防高血压。吃黄豆芽还可预防贫血和产后便秘。

饮食宜忌

黄豆芽性寒，慢性腹泻及脾胃虚寒者不宜食用。

月子锦囊

无根豆芽是国家食品卫生管理部门明文禁止销售和食用的蔬菜之一，看起来肥胖鲜嫩，但有一股难闻的化肥味，甚至一些是以激素和化肥催发的，月子里的妈妈一定不能食用。

茶树菇板栗鸡

茶树菇

原料

鸡肉·············600 克
干茶树菇·······100 克
板栗·············150 克
葱段、干辣椒段、酱油、
料酒、糖、盐、食用油
各适量

制作方法

1. 板栗用糖水浸泡一夜，下锅煮熟，剥皮；干茶树菇提前浸泡，去除根部和杂质；鸡肉斩成小块，入沸水中洗去血污。

2. 锅内倒入食用油烧热，放入葱段、干辣椒段炒出香味，放入鸡块翻炒。

3. 炒至鸡肉变色，加入茶树菇、板栗、酱油、料酒、糖、水，大火煮沸后，加盖，转中火煮 30 分钟至鸡肉酥烂，加盐调味，待汤汁收浓即可。

营养师语

茶树菇性温，味甘，能补虚扶正，有补肾利尿、除湿健脾、益气健胃等功效。茶树菇含有蛋白质、碳水化合物、B族维生素和钾、钠、钙、镁、铁、锌等营养成分，有较高的药用保健疗效，被誉为"中华神菇"。

饮食宜忌

茶树菇特别适宜肾虚尿频、水肿、气喘者食用。

月子锦囊

茶树菇素以醇厚鲜美、清香爽口、汤色清红而著称，各种烹制方法均可。月子里的妈妈适宜炖汤食用，与鸡、鸭等肉类同烹则味道更佳。

台湾麻油鸡

鸡肉

原料

鸡肉·············900 克
米酒············· 30 毫升
芝麻油········ 10 毫升
冰糖·············· 10 克
姜··················· 10 克
盐·······················适量

制作方法

1. 鸡肉洗净，斩块，入沸水锅中汆去血渍；姜洗净，去皮，切片。
2. 锅内倒入芝麻油烧热，放入姜片爆香，放入鸡肉拌炒，加盐炒至鸡肉六成熟。
3. 放入米酒，翻炒均匀，再加入适量水炖煮，最后加冰糖炒匀即可。

营养师语

鸡肉性平、温，味甘，可温中益气、补精添髓。鸡肉蛋白质含量较高，且易被人体吸收利用。月子里的妈妈食用鸡肉，可摄取对婴儿生长发育有重要作用的磷脂类。鸡肉、鸡汤是传统的产妇滋补食物，有助于产妇的身体恢复，促进乳汁的分泌。

饮食宜忌

鸡肉性温助火，感冒发热、内火偏旺者不宜食用。

月子锦囊

吃鸡肉对月子里的妈妈的调养有很大益处。但在我国许多地方，坐月子的时候，习惯天天吃鸡肉，其实这样容易造成消化不良，对身体健康也不利，所以要适当调整饮食结构。

人参鸡汤

人参

原料

鸡·················400 克
鲜人参·········· 20 克
猪瘦肉··········200 克
枸杞子、姜、葱段、红
枣、盐各适量

制作方法

1. 将鸡剖净，去内脏，斩块；猪瘦肉洗净，斩块；鲜人参、红枣洗净；姜洗净，切片。
2. 锅内放适量清水煮沸，放入鸡块、猪瘦肉氽去血渍后倒出，用温水洗净。
3. 将猪瘦肉、鸡块、鲜人参、枸杞子、姜片、红枣、葱段放入砂锅内，加适量清水炖煮2小时，调入盐即可。

营养师语

人参味甘、微苦，性微温，具有补气固脱、健脾益肺、宁心益智、养血生津等功效。鸡肉性温适合温中补脾、益气养血，还能有效地除心腹恶气，非常适合产后食用。此汤可为月子里的妈妈补血、恢复元气。

饮食宜忌

实热证、湿热证及正气不虚者禁服人参；人参不宜与茶同服；烹制时不可用铁锅、铝锅。

月子锦囊

月子中可食少量人参鸡汤，但是不宜大补。感冒期间不能服用。

芹菜炒牛肉

芹菜

原 料

黄牛肉…………300 克
芹菜……………400 克
蒜、姜、生抽、淀粉、
苏打粉、料酒、食用油、
盐、香油各适量

制作方法

1. 牛肉洗净，切片，用刀背敲松牛肉，加生抽、苏打粉和匀，再加料酒、淀粉、食用油，腌1~2小时。

2. 芹菜洗净，切段，用盐腌制；蒜拍碎；姜切片。

3. 锅内放食用油烧至七成热，放入牛肉，炒至全部变色后立刻起锅。

4. 锅内留底油，放蒜、姜炒香，放芹菜煸炒至半熟，加牛肉，再加盐、料酒调味，淋香油出锅即可。

营养师语

芹菜味甘、苦，性凉，具有平肝清热、祛风利湿、除烦消肿、解毒宣肺、健胃利血、清肠利便、润肺止咳、降低血压等功效。芹菜含铁量较高，月子里的妈妈食用可养血补血，尤其是缺铁性贫血者宜食。

饮食宜忌

芹菜性凉质滑，故脾胃虚寒、肠滑不固者应慎食。

月子锦囊

芹菜叶中所含的维生素C、胡萝卜素比茎多，因此烹饪时不要把能吃的嫩叶扔掉。月子里的妈妈食用芹菜叶汤，还能助其安眠入睡，润泽皮肤。

枸杞子蒸猪肝

猪肝

猪肝············200 克
枸杞子··········· 15 克
食用油、盐、水淀粉、
酱油、料酒、姜、葱各
适量

制作方法

1. 猪肝洗净，切片；枸杞子洗净，待用；葱洗净，切末。
2. 将猪肝片放入碗内，放料酒、酱油、盐、水淀粉、食用油、姜、葱抓匀，腌约 1 小时。
3. 将猪肝片捞出，放入蒸碗内，放枸杞子，隔水用大火蒸 20 分钟至熟即可。

营养师语

猪肝味甘、苦，有补肝、明目、养血的功效。猪肝富含铁，是补血食品中最常用的食物，食用猪肝可调节和改善贫血患者造血系统的生理功能。猪肝还含有维生素C和微量元素硒，能增强人体的免疫力，抗氧化。猪肝有助于排恶露及补血，是剖宫产产妇最好的固体食物选择。

饮食宜忌

猪肝忌与山楂、辣椒等富含维生素C的食品同食，同食会使维生素C失去原有的功效。

月子锦囊

猪肝含有的蛋白质含量很高，是产妇身体进补的好食材，但由于猪肝味道较腥，有些产妇可能不喜欢猪肝的味道，需根据实际情况烹制菜肴。

海带排骨汤

猪排骨

海带…………………150 克
猪排骨………………400 克
葱段、姜片、盐、料酒
各适量

制作方法

1. 将海带浸泡后，放笼屉内蒸约30分钟，取出再用清水浸泡4小时，彻底泡发后洗净，沥水，切成长方块。

2. 猪排骨洗净，顺骨切开，横剁成段，入沸水锅中汆水，捞出用温水洗净。

3. 砂锅内加入适量清水，放入猪排骨、葱段、姜片、料酒，用大火煮沸，撇去浮沫，再用中火焖煮20分钟。

4. 倒入海带块，转大火沸煮10分钟，去掉姜片、葱段，加盐调味即可。

营养师语

　　猪排骨能提供人体必需的优质蛋白质、脂肪，具有滋阴润燥、益精补血的功效。还富含钙，可维护骨骼健康。月子里的妈妈可多饮用骨头汤。食用海带能促使体内的放射性物质排出体外，但月子期不可过量食用，以免婴儿摄入过多碘。

饮食宜忌

　　湿热痰滞内蕴者慎食猪排骨，肥胖、血脂较高者不宜多食。脾胃虚寒的人慎食海带。

月子锦囊

　　排骨肉质软嫩，易于被人体消化吸收，海带能提供大量的矿物质和微量元素，同时食用除湿效果明显。但为月子里的妈妈烹制前应先用清水浸泡数小时，中间换一两次水，以免摄入过多的砷。

核桃红枣猪腰汤

 原料

猪腰………	200 克	党参………	5 克
猪脊骨……	250 克	红枣………	50 克
猪瘦肉……	150 克	枸杞子……	30 克
核桃………	50 克	姜、盐各适量	
黄芪………	5 克		

制作方法

1. 将猪脊骨、猪瘦肉斩块；猪腰去筋膜，洗净；核桃、黄芪、党参、红枣、枸杞子分别洗净。
2. 砂锅内放适量清水煮沸，放入猪脊骨、猪瘦肉、猪腰，氽去血水，倒出，用温水洗净。
3. 用砂锅装水，大火煮沸，放入猪脊骨、猪瘦肉、猪腰、核桃、黄芪、党参、红枣、枸杞子、姜，煲 2 小时，调入盐即可。

营养师语

　　红枣味甘，性平，有补益脾胃、滋养阴血、养心安神、缓和药性等功效。红枣中富含钙和铁等营养素，对产后贫血、体虚有很好的食疗和滋补作用。

饮食宜忌

　　脾胃虚寒者不宜多食红枣，便秘患者应慎食。

月子锦囊

　　将核桃上蒸笼用大火蒸 8 分钟后取出，立即倒入冷水中浸泡 3 分钟，捞出后逐个破壳，即可取出完整的核桃仁。

党参鲫鱼汤

原料

玉竹

鲫鱼…………………500 克
猪脊骨…………………300 克
猪瘦肉…………………200 克
党参……………… 15 克
玉竹……………… 10 克
盐…………………适量

制作方法

1. 将鲫鱼剖好洗净，斩块；猪脊骨、猪瘦肉洗净，斩件。

2. 砂锅内放适量清水煮沸，放猪脊骨、猪瘦肉汆去血渍，倒出，用温水洗净。

3. 将鲫鱼、猪脊骨、猪瘦肉、党参、玉竹放入砂锅中，加入适量清水，小火煲2小时，调入盐即可。

营养师语

玉竹为百合科植物玉竹的根茎，味甘，性平，质柔而润，具有润肺滋阴、养胃生津等功效，是一味养阴生津的良药。

饮食宜忌

玉竹适宜体质虚弱、阴虚燥热、食欲不振者食用，但脾虚便溏者慎食，痰湿内蕴者不宜食用。

月子锦囊

不管是月子期还是平时，猪瘦肉一定要煮熟后才能食用，因为猪肉中有时会有寄生虫，如未煮熟，则可能会在肝脏或脑部寄生有钩绦虫。

三丝蒸白鳝

鳝鱼

原料

白鳝…………200 克
红辣椒………… 10 克
盐、姜、葱、蒜、食用
油、生抽、胡椒粉、淀
粉各适量

制作方法

1. 将白鳝宰杀，洗净，切段，加盐、胡椒粉、淀粉拌匀，摆入碟内。
2. 红辣椒、姜、葱分别洗净，切丝；蒜切碎。
3. 蒸锅煮沸水，放入摆好的白鳝段，用大火蒸 10 分钟，取出，撒上红辣椒丝、姜丝、葱丝、蒜。
4. 锅内放食用油烧热，淋在白鳝上面，加入生抽即可。

营养师语

　　白鳝是鳗鱼的一种，味甘，性平，具有补虚扶正、祛湿杀虫、养血、抗痨等功效。白鳝富含钙，常食能增加血钙值，从而强身健体。

饮食宜忌

　　慢性疾患者、有水产品过敏史者、咳嗽痰多者、脾虚泄泻者不宜食用白鳝。

月子锦囊

　　白鳝含油脂较多，烹制时少淋油。冬季白鳝脂肪含量较少，可补充冬天所缺乏的维生素A，但不能过量食用，月子里的妈妈应注意少量食用，否则不仅不易消化，还可能引发旧症。

滋补食谱之晚餐

阿胶鸡汤

原料

桂圆

鸡项·················· 1 只
阿胶············· 10 克
山药············· 10 克
桂圆·············· 5 克
盐··················适量

制作方法

1. 山药、桂圆分别洗净；阿胶敲碎；鸡项杀好，洗净，去皮，切中块，沥干水分。
2. 将鸡项、阿胶、山药、桂圆一同放入炖盅，倒入适量沸水，盖上盅盖，隔水慢炖，待锅内水沸后，再用小火炖 90 分钟。
3. 去掉山药，加盐调味即可。

营养师语

桂圆味甘，性温，有开胃、养血益脾、补心安神、补虚长智等功效，对病后需要调养及体质虚弱的人有辅助疗效。研究发现，桂圆对子宫癌细胞的抑制率较高，妇女更年期是妇科肿瘤好发的阶段，适当吃些桂圆有利健康。

饮食宜忌

鸡肉忌与野鸡、甲鱼、鲤鱼、鲫鱼、兔肉、虾子以及葱蒜等一同食用。

月子锦囊

鸡项是指未下蛋的雌鸡，肉质嫩滑鲜甜，营养丰富，以重约500克的鸡项为佳。鸡项体形丰满有脂肪，烹调后肉质嫩滑可口，骨头脆香，味道浓郁，是孕产妇的最佳补品。

黄芪茯苓煲乌鸡

乌鸡

原料

乌鸡肉…………600 克
猪瘦肉…………100 克
猪脊骨…………200 克
黄芪…………… 10 克
茯苓…………… 50 克
陈皮、红枣、姜、盐各适量

制作方法

1. 将猪脊骨、猪瘦肉、乌鸡肉洗净，切块；姜洗净，切片；黄芪、茯苓、红枣、陈皮洗净。
2. 锅内放适量清水煮沸，放入猪脊骨、猪瘦肉、乌鸡汆去表面血渍，倒出，用温水洗净。
3. 砂锅装水煮沸，放入猪脊骨、猪瘦肉、乌鸡肉、黄芪、茯苓、陈皮、红枣、姜片，煲 2 小时，调入盐即可。

营养师语

乌鸡含丰富的黑色素、蛋白质、B 族维生素等营养成分，胆固醇和脂肪含量却很低，而且铁的含量也比普通鸡高很多，是营养价值极高的滋补品，也是补虚劳、养身体的上好佳品。对于病后、产后贫血者具有补血、促进康复的作用。

饮食宜忌

体虚血亏、肝肾不足、脾胃不健的人宜食乌鸡，感冒发热、咳嗽多痰或湿热内蕴而见食少、腹胀者忌食。

月子锦囊

乌鸡去毛后，绒毛较多，可手提鸡爪，将鸡头与鸡身置火中，快速翻转 2 秒钟，燎掉绒毛，切忌时间过长，以免烧焦鸡皮。

苍术冬瓜
排骨汤

冬瓜

原料

猪排骨	400 克
冬瓜	500 克
苍术	5 克
泽泻	5 克
陈皮、盐各适量	

制作方法

1. 将苍术、泽泻、陈皮分别洗净；冬瓜洗净，保留冬瓜皮、瓤、仁，切成大块；猪排骨洗净，斩件。

2. 砂锅内放适量清水煮沸，放入猪排骨氽去血渍，倒出，用温水洗净。

3. 砂锅内加入适量清水，放入猪排骨，用大火煲沸，再放入冬瓜块、苍术、泽泻、陈皮，用中火煲2小时，加入适量盐调味即可。

营养师语

冬瓜味甘、淡，性凉，具有润肺生津、化痰止渴、利尿消肿、清热祛暑、解毒排脓的功效。苍术味辛、苦，性温，具有燥湿健脾、辟秽化浊、祛风散寒等功效。冬瓜性凉，但配上性温的苍术可多食。

饮食宜忌

冬瓜性寒凉，脾胃虚寒易泄泻者慎食，久病与阳虚肢冷者忌食。

月子锦囊

传统的坐月子方式因为产妇生产后都会出现体虚的情况，不建议食用偏寒性的冬瓜，而现代科学认为适当喝冬瓜汤，对产妇不仅有减肥和消肿的功效，而且还能提高奶水的质量。可少量食用。

玉米须山楂汤

 原 料

猪瘦肉⋯⋯⋯⋯300 克
玉米须⋯⋯⋯⋯ 20 克
干山楂⋯⋯⋯⋯ 10 克
姜片、盐各适量

玉米须

制作方法

1. 干山楂、玉米须洗净；猪瘦肉洗净，切块。

2. 锅内放适量清水煮沸，放入猪瘦肉，汆去血水。

3. 将玉米须、干山楂、姜片、猪瘦肉一起放入砂锅内，加入适量清水，大火煮沸后，小火炖 1 小时，加盐调味即可。

营养师语

玉米须为禾本科玉蜀黍属植物玉米的花柱和花头，味甘、淡，性平，具有利尿消肿、平肝利胆等功效。现在很多孕妇和产妇喝玉米须煮的水，这是比较科学的，不仅安全无毒，还能下奶、清火、减肥。

饮食宜忌

玉米须煮食时需去苞须，不作药用时勿服。

月子锦囊

山楂要用干制品，一般的山楂食品含糖较多，不宜食用。新鲜的山楂味酸，加热后酸味更重。

玉米桂圆猪脾汤

玉米

原料

猪脾	500 克
玉米	500 克
猪脊骨	200 克
猪瘦肉	200 克
桂圆肉	10 克

姜、盐各适量

制作方法

1. 将猪脾、猪脊骨、猪瘦肉洗净,斩块;玉米切件;姜去皮,洗净,切片。

2. 砂锅内放适量清水煮沸,放猪脊骨、猪瘦肉、猪脾氽去血渍,倒出,用温水洗净。

3. 砂锅内放入猪脊骨、玉米块、猪脾、桂圆肉、猪瘦肉、姜片,加入适量清水,煲2小时,调入盐即可。

营养师语

玉米性平,味甘、淡,有益肺宁心、健脾开胃、降胆固醇、健脑等功效。玉米属于粗粮,每天吃点粗粮,不仅补充营养,还能缓解便秘。产后坐月子期间,便秘情况较多,吃一点玉米,会缓解便秘的情况。猪脾味甘,性平,有益脾胃、助消化的功效。

饮食宜忌

玉米受潮霉坏变质产生黄曲霉素,有致癌作用,忌食用。

月子锦囊

把玉米当主食,经常食用会导致营养不良,不利健康。不过月子里的妈妈少量食用玉米,有助于肠胃蠕动,有益健康。

肉桂生姜猪肚汤

猪肚

原料 ························

猪肚·················· 1个
肉桂·················· 6克
生姜·············· 30克
盐·················适量

制作方法

1. 猪肚洗净，切成多个小块。

2. 肉桂、生姜分别用清水洗净，切成片。

3. 将肉桂、猪肚、生姜放入炖盅内，加水适量和盐，放入锅内用小火隔水炖3小时即可。

营养师语

猪肚是猪的胃，含有蛋白质、脂肪、碳水化合物、维生素及钙、磷、铁等，具有补虚损、健脾胃的功效。清代食医王孟英建议，"娩后虚羸者，用猪肚煨煮烂熟如糜，频频服食，最为适宜。若同火腿一并煨食，尤补"。

饮食宜忌

猪肚胆固醇含量较高，故凡高血压及心脑血管病患者均应少吃，否则会加重病情，反而有碍身体康复。

月子锦囊

猪肚汤是滋补佳品，以猪肚为主料，加上各种辅料、调味品，制作出不同风味的猪肚汤，对于身体虚弱者、术后患者、孕产妇等都具有很好的滋补作用。

当归牛腩

原料

当归

牛腩············750 克
当归············ 10 克
水发香菇········ 25 克
净冬笋··········150 克
鸡汤··········750 毫升
蒜、姜、料酒、酱油、
胡椒粉、水淀粉、香油、
食用油各适量

制作方法

1. 蒜切末，姜切末；水发香菇去蒂，洗净；冬笋煮熟切块；当归切片后用纱布包扎好。
2. 将牛腩洗净，切成块，入沸水锅中焯透捞起，洗净。
3. 炒锅上火，放入食用油烧热，下蒜末、姜末炸香，放入牛腩、冬笋、香菇，加料酒、酱油、鸡汤煮沸，全部倒入砂锅中，加入当归，盖好盖，小火焖至酥烂，放水淀粉勾薄芡，淋入香油，撒入胡椒粉即可。

营养师语

当归为温性强壮药，有补虚养血之效。能养气活血、消肿止痛、补血生肌，是月子餐中必不可少的一味中药。另外，当归还有养血、润肠、通便的功效，能有效防止产后因血虚肠燥而引起的便秘。

饮食宜忌

当归宜在产后第 3 周以后食用。

月子锦囊

牛腩应先用沸水焯透，洗净去污。焖时一定要用小火。

土豆焖牛肉

原料

牛肉…………500 克
土豆…………300 克
胡萝卜………300 克
青辣椒、红辣椒、葱
段、姜片、青蒜段、桂
皮、料酒、老抽、香
油、香叶、豆瓣酱、食
用油各适量

牛肉

制作方法

1. 牛肉洗净，切方块；土豆、胡萝卜和青辣椒、红辣椒分别洗净，切滚刀块。

2. 锅内放水和牛肉（水没过面），煮沸后再煮2分钟，捞出牛肉，用热水冲去浮沫。

3. 锅内放牛肉和热水，下葱段、姜片、青蒜段、香叶、桂皮和红辣椒，煮至沸后放料酒、老抽、豆瓣酱，小火焖40分钟。

4. 下土豆、胡萝卜和盐焖15分钟，下青辣椒，炖5分钟，加味精和香油即可。

营养师语

　　牛肉含人体所需的多种必需氨基酸、脂肪、糖类、维生素B$_1$、维生素B$_2$、烟酸、钙、铁、磷等成分，具有补脾和胃、益气增血、强筋壮骨的作用，适合产妇食用。土豆所含的钾能取代人体内的钠，同时能将钠排出体外，有利于高血压和肾炎水肿患者的康复。

饮食宜忌

　　未摘除甲状腺的牛肉不宜食用。

月子锦囊

　　牛肉汆水后，直接用水和调料焖煮，无需煎炒，这样做既可做到少油，并且可以最大限度地保持食材的营养成分不流失，比起浓油赤酱型的略显清淡，但更有益健康，符合月子里的妈妈的饮食要求。

椰汁香芋
山药煲

山药

原料

香芋…………300 克
山药…………150 克
浓缩椰浆……200 毫升
冰糖………… 20 克

制作方法

1. 香芋、山药去皮，洗净，切块，蒸熟。
2. 将浓缩椰浆和水倒入砂锅搅拌均匀，加山药和香芋。
3. 用小火炖煮 10 分钟至黏稠，加入冰糖调味即可。

营养师语

山药含有淀粉酶、多酚氧化酶等物质，有利于脾胃消化吸收，是一味平补脾胃的药食两用之品。产后吃山药对月子里的妈妈有一定的纤体作用，因为山药饱腹感较强且营养丰富。吃山药还可以帮助肠胃消化吸收，促进肠蠕动，预防和缓解便秘。

饮食宜忌

山药与甘遂不要一同食用；也不可与碱性药物同食。

月子锦囊

山药皮容易导致皮肤过敏，为了保证月子里的妈妈吃得健康，最好削皮。

萝卜炖鲤鱼

鲤鱼

原料

鲤鱼…………600 克
白萝卜…………500 克
姜丝、葱段、蒜片、酱
油、食用油、盐、糖、
高汤、香油各适量

制作方法

1. 白萝卜洗净，切片；将鲤鱼宰杀洗净，放入盐、酱油腌制，再放入烧热的油锅中煎透。

2. 取炖锅一只，将白萝卜片放入锅的底部，鲤鱼放在白萝卜片上。

3. 炒锅置于大火上，放食用油烧热，加葱段、姜丝和蒜片爆香，加入高汤、糖和盐煮沸成味汁。

4. 将味汁倒入炖锅内，炖锅置于大火上，煮沸后改用小火炖，至鲤鱼熟透，撒入味精、淋上香油即可。

营养师语

鲤鱼含不饱和脂肪酸，能很好地降低胆固醇，可防治动脉硬化、冠心病。萝卜含芥子油、淀粉酶和粗纤维，具有促进消化、增强食欲、加快胃肠蠕动和止咳化痰的作用。

饮食宜忌

萝卜忌与人参、西洋参同食。

月子锦囊

鲤鱼鱼腹两侧各有一条同细线一样的白筋，去掉可以除腥味，在靠鲤鱼鳃部的地方切一个非常小的口，白筋就露出来了，用竹制牙签轻轻一挑，即可抽掉。

山药炒鱼片

 原料

青鱼··········350 克
山药··········100 克
胡萝卜、葱、姜、料酒、
淀粉、盐、食用油
各适量

青鱼

制作方法

1. 青鱼宰好洗净，除去内脏及骨刺，横切成片。
2. 鱼肉片加入料酒与淀粉，拌匀备用。
3. 山药削去皮，洗净，切片；葱切段；姜切片；胡萝卜切片。
4. 将炒锅置火上，加入食用油烧热，加入葱段、姜片煸香后，倒入鱼片、山药片、胡萝卜片，加入盐，炒至鱼片及山药片熟，用水淀粉勾芡，略翻炒即可。

营养师语

　　青鱼肉厚、嫩，味鲜美，刺大而少，是淡水鱼中的上品，是我国淡水养殖的"四大家鱼"之一。青鱼含蛋白质、脂肪、钙、磷、维生素 B_2、烟酸、核酸及微量元素锌、铁、硒等，有抗衰老、抗癌的作用，也是产妇食补的常用食材。

饮食宜忌

　　内热者应忌食青鱼；青鱼忌与李子同食；青鱼忌用牛、羊油煎炸；不可与荆芥、白术、苍术同食。

月子锦囊

　　在翻炒时不能太用力，要轻轻翻炒，以防鱼片破碎。若买不到青鱼，可用草鱼、鲤鱼代替。

滋补食谱之点心

香芋酥

原料

水皮：		油心：	
低筋面粉……	100 克	低筋面粉……	62 克
高筋面粉……	25 克	猪油………	35 克
糖…………	25 克	香油………	适量
猪油………	25 克	馅料：	
鸡蛋………	20 克	芋头………	80 克
水…………	45 毫升	糖粉………	30 克

制作方法

1. 水皮的制作：将低筋面粉和高筋面粉均过筛，加入过筛的糖、打散的鸡蛋以及猪油和水，不断搅拌，至成水皮面团为止。

2. 油心的制作：将低筋面粉过筛，加入猪油、香油，不断搅拌，使其成为油心面团。

3. 馅料：芋头蒸熟，去皮，压成芋头泥，加入糖粉，搅拌均匀即可。

4. 将水皮面团擀开，擀成长方形的面片，并包入拌好的油心面团，擀成长方形，由两边向中间对折两次，再顺着折痕擀压，重复3次，卷成圆长条，用切刀切成每个约30克的圆柱小面团，用擀面杖擀圆，包入馅料，搓成圆球形。

5. 摆入烤盘内，入烤箱以上火210℃、下火160℃的温度烘烤25分钟，熟透后出烤箱即可。

营养师语

芋头含有丰富的碳水化合物、膳食纤维、B族维生素、钾、钙、锌等营养成分，其中以膳食纤维和钾含量最多。大量的膳食纤维能润肠通便、防止便秘，还可提高机体的抗病能力，有助病后康复。

月子锦囊

由于芋头的黏液中含有皂苷，能刺激皮肤导致发痒，因此生剥芋头皮时需小心，可以倒点醋在手中，搓一搓再削皮。芋头黏液不会对皮肤造成伤害，如果不小心接触皮肤发痒时，涂抹姜或浸泡醋水都可以止痒。

香橙核桃卷

原料

鸡蛋········· 500 克		蛋糕油··········· 25 克
细砂糖····· 200 克		牛奶··········· 40 毫升
盐············· 2 克		沙拉油····· 175 毫升
低筋面粉··· 250 克		水············· 30 毫升
核桃········ 200 克		香橙色素、香橙果酱
高筋面粉······65 克		各适量
牛奶香粉····· 3 克		

制作方法

1. 将鸡蛋打散倒入搅拌桶中，倒入细砂糖、盐，放入电动搅拌机中，以快速打至细砂糖、盐溶化。

2. 在筛网下放一张纸，倒入低筋面粉，再加入高筋面粉，倒入牛奶香粉，过筛。

3. 往过筛后的粉中放入蛋糕油，然后倒入打好的鸡蛋液中，用电动搅拌机快速打匀，在打的过程中加入水，打至成原体积的两倍后，换成慢速，加入牛奶搅拌均匀。

4. 取50克核桃切碎，加入搅拌桶中，以慢速搅匀，缓缓倒入沙拉油，搅匀，加入香橙色素拌匀。

5. 在烤盘内放入一张蛋糕纸，撒入剩下的核桃，倒入打好的面糊并将其抹平，倒面糊时需注意不要让面糊把核桃冲散。

6. 将烤盘放入烤箱内，以上火200℃、下火150℃烘烤30分钟，取出后放凉。

7. 将蛋糕有核桃的一面向下放在蛋糕纸上，然后在蛋糕上抹上香橙果酱。

8. 在蛋糕纸下放一根圆棍，卷起蛋糕向前堆去，卷成蛋糕卷，放在一边晾凉，切件即可。

营养师语

鸡蛋中含有大量的维生素和矿物质及有高生物价值的蛋白质，是人类最好的营养来源之一。一般人都适合食用鸡蛋，鸡蛋更是婴幼儿、孕产妇、病人的理想食品。

月子锦囊

面糊做好后，必须有一定的稠度，并且尽量不要有大气泡。如果拌好的面糊不断地产生很多大气泡，则说明鸡蛋的打法不到位，或者说搅拌的时候消泡了，需要尽力避免这种情况。

木瓜蜂蜜茶

原料

木瓜·················· 1个
蜂蜜、水各适量

木瓜

制作方法

1. 木瓜洗净，去皮，去瓤，切片。
2. 锅内放适量清水，加木瓜片，以大火煮沸，再改用中火煮30分钟，放入蜂蜜调味即可。

营养师语

木瓜味甘，性平、微寒，能助消化、健脾胃、润肺、止咳、消暑解渴。蜂蜜则生能清热；熟则性温能补中，甘而平和能解毒，柔而濡泽能润燥。木瓜还富含胡萝卜素，这是一种天然的抗氧化剂，能有效对抗全身细胞的氧化，有美容护肤、延缓衰老的功效。

饮食宜忌

木瓜适宜一般人食用。营养缺乏、消化不良、肥胖和产后缺乳的人更宜常食。

月子锦囊

治病多采用宣木瓜，也就是北方木瓜，不宜鲜食；食用木瓜多是产于南方的番木瓜，可以生吃，也可作为蔬菜和肉类一起炖煮。

枸杞子红枣糕

红枣

原料

马蹄粉…………100 克
椰汁…………100 毫升
红枣…………100 克
茨粉…………100 克
白糖…………250 克
枸杞子…………适量

制作方法

1. 将红枣去核，放入搅拌机中，加 150 毫升水，打碎。
2. 把马蹄粉、茨粉、红枣碎加 250 毫升水，开成粉浆；白糖加水煮溶，加入椰汁，煮沸后冲入粉浆拌匀。
3. 加入适量的红枣片、枸杞子拌匀后，将浆液倒入刷了油的平盘内（或模型中）。
4. 放入蒸炉大火蒸 20~30 分钟至熟。

营养师语

红枣含有蛋白质、脂肪、糖类、维生素 A、维生素 C、钙等多种营养成分，具有改善虚弱体质、滋补神经、补血安神、补中益气、养胃健脾等功效，还能补气血，对气血亏损的产妇有帮助。

饮食宜忌

吃枣也不宜过量，否则会引起胃酸过多和腹胀。

月子锦囊

红枣甜味差、有酸涩味、用手捏显松软粗糙，说明质量较差；要是红枣湿软而黏手，说明枣身较潮，不耐久贮，易霉烂变质，此种红枣要慎给产妇食用。

红枣蓉蛋糕

原料

鸡蛋………	500 克	泡打粉……	10 克
糖…………	150 克	红枣……	100 克
面粉………	250 克	枸杞子……	20 克
生油………	50 毫升	香油………	适量

制作方法

1. 将面粉加入泡打粉，过筛；将鸡蛋打入搅拌机，快速打起泡，慢慢加入糖，打至蛋泡成鸡尾状，分次加入面粉，轻轻拌匀即可为原味糕底。
2. 红枣蒸熟，去核制成蓉，枸杞子泡水待用。
3. 在原味蛋糕底分次加入蒸熟红枣蓉、枸杞子。
4. 用手轻轻拌匀，倒入刷了香油的模内，用大火蒸10分钟即可。

营养师语

红枣能促进白细胞的生成，降低血清胆固醇，提高血清白蛋白，保护肝脏。另外，红枣中富含钙和铁，对防治骨质疏松、贫血有重要作用。

饮食宜忌

枸杞子一般不宜和过多性温热的补品如桂圆、红参等共同食用。

月子锦囊

枸杞子也可一并蒸熟制成枣杞蓉。

香蕉蜜桃鲜奶

水蜜桃

原料

香蕉…………………1 根
水蜜桃………………1 个
鲜奶…………120 毫升
蜂蜜、柠檬汁、凉开水
各适量

制作方法

1. 香蕉去皮,切成数段;水蜜桃洗净,削皮,去核,切小块。

2. 取榨汁机,放入香蕉段、水蜜桃块、蜂蜜、凉开水、鲜奶,一起搅拌榨汁,至均匀。

3. 果汁取出,倒入杯中,加柠檬汁数滴,即可成美味饮品。

营养师语

水蜜桃肉甜汁多,性味平和,含有多种维生素和果酸以及钙、磷等矿物质,它的铁含量为苹果和梨的 4~6 倍,能补益气血、养阴生津。水蜜桃的含铁量较高,是缺铁性贫血病人的理想辅助食物。常饮香蕉蜜桃鲜奶汁可令肌肤嫩滑。

饮食宜忌

水蜜桃尤其适于肠燥便秘、身体瘦弱者食用,婴儿、糖尿病人忌食。

月子锦囊

可用草莓替代水蜜桃,效果与味道一样好。

PART 4
催乳阶段

产后催乳注意事项

　　有部分新妈妈产后会有奶水不足的现象，其实产后前2天乳少是很正常的，尤其是剖宫产的妈妈，受到体位、饮食的限制，奶水会发得晚些，如果家长缺乏信心，过早添加配方奶粉，极有可能导致母乳喂养失败。

　　当然，也确实有一部分新妈妈因为各种原因导致奶水不足，一般来讲可通过一些物理手法和食疗手段进行调整。

哺乳姿势不正确可能导致哺乳过程不顺畅

　　新妈妈要采用正确的喂奶姿势：新生儿含住乳头和乳晕的大部分，吸吮乳房可以获得充足的乳汁，乳头还不疼，乳汁越吃越多。

哺乳期间如有服药行为也会影响母乳的分泌

　　有些药物会对乳汁的分泌产生影响，如抗甲状腺药物（如果合并有甲状腺功能亢进需要治疗用药，哺乳期应该继续用药，并且应征求医生意见，根据用药量决定哺乳问题）等。

妈妈保持心情愉快和有足够的休息很重要

　　分娩后，妈妈在生理因素及环境因素的作用下，情绪波动较大，常常会出现情绪低迷的状态，这也会减少乳汁分泌。因此，哺乳期间的妈妈要特别注意调节自己的情绪，保证充足的休息，保持良好的生活状态。

用食疗的办法保证妈妈体内营养充足

　　乳汁中的各种营养素都来源于妈妈的体内。喂奶时，妈妈每天大约要消耗 2100～4200 焦耳的热量。妈妈所摄取的食物种类，也会直接影响到乳汁的分泌与质量，因此均衡摄取各种营养是很重要的。它们包括糖类、脂肪、蛋白质、维生素、矿物质等 5 大营养元素。哺乳妈妈要特别注意钙与铁的吸收，这方面可从奶类、鱼、禽、蛋、瘦肉或豆制品中摄取，蔬菜及水果也应适当摄入，哺乳期的营养与妊娠晚期的营养一样。

走出母乳喂养的误区

母乳分泌与乳房大小无关

母乳的分泌与乳房的大小并无关系。母乳的分泌主要靠中枢神经刺激脑垂体分泌催乳素，催乳素再刺激乳腺分泌乳汁。因此，妈妈们只要保持良好的心情，平时注意营养的摄取，最好在温馨的、不受干扰的环境中进行哺育，乳汁就会像井水一样源源不断。

此外，哺乳时的"三贴"原则也有利于婴儿顺利地吸到奶。所谓"三贴"，即婴儿的腹部贴着妈妈的腹部、婴儿的胸部贴着妈妈的胸部、婴儿的下巴贴着妈妈的乳房。正确的哺乳姿势和婴儿的吮吸也有助于乳汁的不断分泌。

母乳喂养会使身材走样、乳房下垂

现代女性在生育后，大都急切希望能恢复昔日苗条的身材，有不少新妈妈甚至在生育后拒绝给宝宝哺乳，理由是怕出现乳房下垂、身材走样等问题。其实，造成身材走样并非母乳喂养所造成，大量补充营养才是造成身材走形的主因。

而母乳喂养有促进母亲形体恢复的作用，若能坚持母乳喂养，可把多余的营养提供给宝宝，保持母体供需平衡，并且宝宝的吸吮过程反射性地促进母亲催产素的分泌，促进母亲子宫的收缩，能使产后子宫早日恢复，有利于消耗掉孕期体内蓄积的多余脂肪。

哺乳是不会引起乳房下垂的，哺乳促进了母体催产素的分泌，而催产素会增强乳房悬韧带的弹性。女性在妊娠时期乳房仍继续发育，乳房长大后如果护理不当，极易松弛。因此女性应从怀孕后就开始注意乳房的护理，使用宽带文胸支撑乳房，同时注意按摩或局部使用特殊油脂增加皮肤及皮下组织的弹性，就会减少乳房下垂的可能。哺乳后乳房是否下垂与哺乳前乳房的情况有关。

乳房排空了，乳汁就会越产越少

许多新妈妈认为，乳房排空了，乳汁就会越产越少。这种想法是有误区的。实验证明，充分排空乳房，会有效刺激泌乳素大量分泌，从而产生更多的乳汁。

妈妈若不能哺乳时，务必要将乳房内的乳汁挤出、排空。只有将乳房内的乳汁排空，日后才能继续正常地分泌乳汁。每天排空的次数建议为6~8次或更多些。

在一般情况下，可以用手挤奶或使用吸奶器吸奶，这样可以充分排空乳房中的乳汁。当然，也可以使用优良品牌的电动吸奶器，这种吸奶器能科学地模拟婴儿的吸吮频率和吸力，能更有效地达到刺激乳汁分泌的目的，效果会更好一些。

催乳食谱之早餐

花生芝麻糊

花生

原料

花生……………250 克
黑芝麻…………110 克
食用油、糖、牛奶、淀粉各适量

制作方法

1. 锅内放食用油，以大火炸花生4分钟，待花生呈金黄色时取出晾凉去皮。

2. 将黑芝麻置于搅碎机中打碎，放入锅中，加热水、牛奶，以大火煮8分钟，取出加淀粉调匀，再大火煮2分钟撒上花生。

3. 再用小火煲15分钟，加入糖溶化即可。

营养师语

花生含有人体所必需的氨基酸、丰富的脂肪油以及钙、铁、维生素E等营养物质，对女性有催乳、增乳作用。芝麻中含有强力抗衰老物质芝麻酚，是预防女性衰老的重要滋补食品，还含有利于雌性激素和孕激素的合成，能起到美容功效。

饮食宜忌

对于肠胃虚弱者，花生不宜与黄瓜、螃蟹同食，否则易导致腹泻。

月子锦囊

花生容易受潮发霉而产生致癌性很强的黄曲霉菌毒素。月子里的妈妈应食用妥善保存(以贮于低温、干燥处为好)并经常检查的花生。如发现有变质，应及时清除，不能食用。

黄花菜瘦肉粥

原料

黄花菜

粳米……………… 100 克
黄花菜……………50 克
猪瘦肉……………50 克
盐、葱、姜各适量

制作方法

1. 粳米洗净，浸泡 30 分钟；黄花菜洗净；猪瘦肉洗净，切片；葱洗净，切葱花；姜去皮，切丝。
2. 砂锅中放适量清水，大火煮沸，加入粳米、黄花菜，煮沸后转小火煮成粥。
3. 加入姜、葱和猪瘦肉片煮熟，加盐调味即可。

营养师语

黄花菜有较好的健脑、抗衰老功效，是因其含有丰富的卵磷脂。卵磷脂是机体中许多细胞特别是大脑细胞的组成成分，对增强和改善大脑功能有重要作用，同时能清除动脉内的沉积物，对注意力不集中、记忆力减退、脑动脉阻塞等症状有特殊疗效。

饮食宜忌

痰湿偏盛、舌苔厚腻者忌食黄花菜；黄花菜含粗纤维较多，患肠胃病者慎食。

月子锦囊

产褥期容易发生腹部疼痛、小便不利、面色苍白、睡眠不佳，多吃黄花菜可消除以上所说的症状。

小米豌豆粥

原 料

小米·············· 50 克

豌豆·············· 40 克

高汤、盐各适量

豌豆

制作方法

1. 豌豆、小米分别洗净。

2. 砂锅置火上，倒入高汤煮沸，放入豌豆，用大火煮沸后再转小火略煮片刻，将豌豆捞起备用。

3. 小米下入沸水中煮沸，加入豌豆煮至粥成，加盐调味即可。

营养师语

小米具有滋阴养血、和胃益肾的功效。豌豆中富含人体所需的各种营养物质，尤其是含有优质蛋白质，可以提高机体的抗病能力和康复能力。另外，豌豆中富含的膳食纤维能促进大肠蠕动、保持大便通畅，起到清洁大肠的作用。

饮食宜忌

豌豆多食会发生腹胀，故不宜长期大量食用。

月子锦囊

豌豆适合与富含氨基酸的食物一起烹调，可以明显提高豌豆的营养价值。

豌豆豆腐粥

大米…………… 100 克

豆腐…………… 100 克

大麦米………… 50 克

豌豆粒………… 50 克

猪肉馅………… 25 克

盐、葱、姜、食用油、料酒、酱油各适量

豌豆

制作方法

1. 大米洗净，用食用油、盐浸泡30分钟；大麦米浸泡8小时；豆腐切丁；猪肉馅加食用油、葱姜末、料酒、酱油炒熟。

2. 砂锅内加适量清水，大火煮沸，加入大米、大麦米、豌豆粒，大火煮沸，转小火煮45分钟。

3. 下入豆腐丁和炒好的猪肉馅继续煮10分钟至粥成，加入盐搅拌均匀即可。

营养师语

豌豆味甘，性平，归脾、胃经，具有益中气、止泻痢、调营卫、利小便、消痈肿、解乳石毒的功效，对乳汁不通、脾胃不适等有一定的食疗作用。

饮食宜忌

豌豆和醋一起食用容易引起消化不良。

月子锦囊

豌豆有补中益气、利小便的功效，母乳喂养的产妇吃点豌豆可增加奶量。但豌豆吃多了容易腹胀，消化不良的妈妈不宜大量食用。

芝麻法包

黑芝麻

原料

高筋面粉‥‥‥‥400 克
低筋面粉‥‥‥‥100 克
酵母‥‥‥‥‥‥‥6 克
盐‥‥‥‥‥‥‥‥5 克
水‥‥‥‥‥‥325 毫升
黑芝麻、白芝麻各适量

制作方法

1. 将高筋面粉、低筋面粉、酵母、盐、水放入搅拌机内慢速拌匀，转中速搅拌至完成。

2. 盖上薄膜，常温下发酵30分钟，分割成每份约120克的小份。

3. 轻轻卷成棍形，盖上薄膜松弛30分钟，手掌拍扁排气，由上而下卷成圆形，表面粘上黑芝麻和白芝麻。

4. 排入烤盘，放进发酵箱最后饧发，温度35℃，湿度80%。

5. 饧发至原体积的2.5倍左右即可，表面轻轻划一刀，入烤箱以上火200℃、下火180℃的温度烘烤约20分钟。

营养师语

黑芝麻不仅含有丰富的优质植物油、蛋白质和矿物质，还含有不饱和脂肪酸和维生素 E 等，另外，黑芝麻还含有极其珍贵的芝麻素和黑色素等物质。黑芝麻能够养发、生津、通乳、润肠，适用于身体虚弱、头发早白、贫血萎黄、津液不足、大便燥结、头晕耳鸣等症，是产妇的滋补佳品。

饮食宜忌

患有慢性肠炎、便溏腹泻者忌食黑芝麻。

月子锦囊

烤前喷水可以使面包表皮变脆。法棍面包作为主食，可以再切片加入大蒜、罗勒等进行调味，然后涂抹黄油再烘烤至酥脆食用，也可以蘸食西餐汤汁。

蒜香法式面包

蒜

原料

高筋面粉………400 克
低筋面粉………100 克
酵母……………5 克
水………………225 毫升
黑芝麻、蒜泥各适量

制作方法

1. 将高筋面粉、低筋面粉、酵母依次加入搅拌机内慢速拌匀，把水慢慢加入搅拌机内搅拌，中速搅拌成面团（约 4 分钟，面团温度 28℃）。

2. 取每个 50 克的面团松弛 15 分钟，用擀面棍擀开，由上向下卷入，捏紧收口成橄榄形。

3. 表面粘上黑芝麻，摆入烤盘内，放入发酵箱内发酵 90 分钟，取出，在表面中间切一刀，展开切口，挤上蒜泥。

4. 入烤箱，以上火 200℃、下火 140℃的温度烘烤 25 分钟，熟透后出炉。

营养师语

中医认为大蒜味辛，性温，有暖脾胃、消症积、解毒、杀虫的功效，多吃大蒜对身体有好处。大蒜可抗癌、杀菌、降血糖、防治心脑疾病。大蒜可生食、捣泥食、煨食、煎汤饮或捣汁外敷、切片灸穴位。

饮食宜忌

食用生蒜不宜过多；阴虚火旺、胃溃疡、慢性胃炎者要忌食大蒜；大蒜不可与蜂蜜同食。

月子锦囊

辛辣温燥食物可使产妇内生热，产妇因此上火，出现口舌生疮、大便秘结及痔疮等。月子期产妇饮食宜清淡，月子里的妈妈坐月子前期不宜食用大蒜，后期可少量少次食用大蒜。

胶东大虾面

虾

原料

面条·············100 克
对虾············· 60 克
香菜············· 20 克
韭黄············· 20 克
葱、姜、盐、胡椒粉、香
油、水淀粉、汤各适量

制作方法

1. 面条煮熟，过凉水，捞出盛碗内。
2. 大虾去须、腿及沙袋、沙线，挤出虾脑，放水中加盐煮熟，去脊部皮，放在面条上。韭黄洗净，切碎。
3. 锅中加上汤、盐、胡椒粉、虾脑调好味和色，用水淀粉勾稀芡，淋热香油，撒香菜末，倒在大虾面上，再撒上韭黄即可。

营养师语

虾肉富含镁、磷、钙等微量元素，常吃能够防治心血管疾病、壮阳强体。虾营养丰富，且其肉质松软，易消化，对身体虚弱以及病后需要调养者是极好的食物。虾的通乳作用较强，并且富含磷、钙，对小儿、孕妇尤为有益。

饮食宜忌

韭黄不宜与酒、菠菜、蜂蜜、牛肉同食。韭黄宜取新鲜食用，忌炒熟隔夜食用。此外，属阴虚内热，身有平素脾胃积热者不宜食用。

月子锦囊

虾含有很高的钙，只要产妇对虾无不良反应就可以吃，但要适可而止，别吃生的，以免引起肠胃不适。

催乳食谱之午餐

花生炖猪蹄

猪蹄

原料

猪蹄·················· 1 只
花生·············· 100 克
姜片·············· 10 克
香菇·············· 15 克
盐、料酒、胡椒粉各适量

制作方法

1. 猪蹄处理干净，砍成块；花生用温水泡透；香菇去蒂，洗净。
2. 锅内烧水，待水沸后，投入猪蹄，用中火汆尽血水，捞起洗净。
3. 炖盅内加入猪蹄、花生、姜片、香菇，调入盐、胡椒粉、料酒，加适量清汤，加盖，炖约 2 小时即可。

营养师语

猪蹄能补血、通乳、健腰脚、托疮，适合腰脚酸软无力、痈疽疮毒久溃不愈的人食用。猪蹄汤还具有催乳作用，对于哺乳期妇女能起到催乳和美容的双重作用。

饮食宜忌

患有肝胆疾病和高血压的人应当少吃或不吃。猪蹄不可与甘草同吃，否则会引起中毒。

月子锦囊

猪蹄如做不好会有一股难闻的味道，浸泡、开水汆烫并在炖的时候加入充足的料酒，会有助于去除这种味道。猪蹄炖的时间越长越软烂，黏黏的、入口即化的口感非常棒，时间太短就不好吃了。月子里的妈妈在补营养的时候也要兼顾美味。

益母草猪蹄汤

原料

猪蹄·············450克
猪瘦肉··········150克
益母草··········· 15克
老姜、盐各适量

猪蹄

制作方法

1. 将猪蹄、猪瘦肉斩件；益母草洗净；老姜去皮，洗净，切片。

2. 砂锅内放适量清水煮沸，放入猪蹄、猪瘦肉汆去血渍，倒出，用温水洗净。

3. 将猪蹄、猪瘦肉、益母草、老姜片放入炖盅内，加入适量清水炖2小时，调入盐即可。

营养师语

　　益母草滋阴补虚，能调节女性生理，对调养气血大有帮助。中医认为，猪蹄有壮腰补膝和通乳之功，可用于肾虚所致的腰膝酸软和产妇产后缺少乳汁之症，而且多吃猪蹄对于女性具有丰胸作用。

饮食宜忌

　　猪蹄属高脂肪、高胆固醇食物，患有动脉硬化、高血脂、高血压、冠心病和肥胖症者不宜多吃。

月子锦囊

　　月子里的妈妈要注意，猪蹄若作为通乳食疗应少放盐、不放味精。

虾干白菜粉丝煲

虾干

熟五花肉········ 80 克
大虾干、甘薯粉丝、包
心鱼丸、姜、葱、白
菜、料酒、胡椒粉、盐
各适量

制作方法

1. 虾干洗净浸泡半天，粉丝用温水浸泡片刻，白菜切断，姜去皮切片，五花肉切成薄片，葱切末待用。
2. 锅内入食用油，小火，放入姜片、葱和五花肉爆香，加入白菜帮、包心鱼丸和虾干继续翻炒片刻。
3. 转入砂锅内，加入适量的水，烧沸转中小火煲 20 分钟左右，继续加入白菜叶和粉丝，转小火煲 10 分钟，加点盐、料酒和胡椒粉，撒入葱末即可。

营养师语

虾干的营养非常丰富，其含有非常丰富的蛋白质、维生素 A、胡萝卜素、矿物质等。在食疗方面，它对于防治动脉粥样硬化和冠心病有非常明显的作用。另外，虾干还能通乳下奶，适合产妇食用。

饮食宜忌

虾的体内有五钾砷化合物，所以在吃虾的同时不要服用维生素 C、含维生素 C 丰富的瓜果等，否则无毒的五钾砷会转变为有毒的三钾砷，即俗称的砒霜。

月子锦囊

用海鲜干货做煲菜，使用之前尽量要先泡发，这样食物会更入味；此菜加胡椒粉口感会更丰富。

木瓜乌鸡汤

木瓜

原料

乌鸡·············400 克
木瓜·············500 克
猪脊骨···········200 克
猪瘦肉···········150 克
红枣·············· 10 克
老姜、盐各适量

制作方法

1. 将猪脊骨、猪瘦肉、乌鸡洗净，斩块；老姜洗净，切片；木瓜洗净，去皮、核，切块。
2. 锅内放适量清水煮沸，放入猪脊骨、猪瘦肉、乌鸡汆去血渍，倒出洗净。
3. 用砂锅装适量水，用大火煲沸后，放入猪脊骨、木瓜块、猪瘦肉、乌鸡块、红枣、老姜片，煲2小时，调入盐后即可食用。

营养师语

此汤有健脾胃、通两便、清暑解渴、解酒毒、降血压、解毒消肿、驱虫等功效，并能降低血液中的胆固醇与血脂，具有强心作用，可预防高血压、心脏病等。

饮食宜忌

木瓜适宜慢性萎缩性胃炎患者，缺奶的产妇，风湿筋骨痛、消化不良、肥胖患者食用。孕妇、过敏体质人士不宜食用。

月子锦囊

木瓜有公母之分。公瓜椭圆形、身重、核少、肉结实、味甜香；母瓜身稍长、核多、肉松、味稍差。生木瓜或半生的木瓜比较适合煲汤。皮呈黑点的木瓜已开始变质，甜度、香味均减少，营养已被破坏。

木瓜眉豆鲫鱼汤

原料

鲫鱼	500 克	猪脊骨	300 克
木瓜	300 克	姜	10 克
眉豆	50 克	猪瘦肉	200 克
银耳	20 克	盐	适量

制作方法

1. 木瓜去皮，洗净，切件，去子；鲫鱼剖好，洗净；银耳洗净，发好；猪脊骨、猪瘦肉洗净，斩件；姜去皮。

2. 砂锅内放适量清水煮沸，分别放猪脊骨、猪瘦肉、鲫鱼，氽去血渍。

3. 砂锅内放入猪脊骨、猪瘦肉、鲫鱼、姜、眉豆、木瓜、银耳，加入适量清水，小火煲2小时，调入盐即可。

营养师语

此汤具有健脾调中、利水消肿之功效。适宜妇女产后因辛热滋补品太多以致大便秘结者，甚至手脚拘束麻痹者食用。其还有补血、润大肠之效。

饮食宜忌

木瓜中的番木瓜碱对人体有小毒，因此每次食量不能过多，过敏体质者应慎用。

月子锦囊

鲫鱼红烧、干烧、清蒸、氽汤均可，但以氽汤最为普遍，以小火慢炖口感最好，也更适宜月子里的妈妈食用。

火腿香菇蒸鲫鱼

原料

鲫鱼············400 克
火腿············ 30 克
干香菇·········· 15 克
盐、葱段、葱末、姜、
上汤、食用油各适量

鲫鱼

制作方法

1. 将鲫鱼处理干净，在其两侧斜刀切纹，放入沸水中汆烫后捞出，沥干水分，加入食用油、盐腌渍；火腿切片；香菇一分为二。

2. 锅内放食用油烧至七分热时放入葱末、姜末爆香，淋在鱼身上。

3. 香菇汆烫后与火腿一同摆在鱼身上，葱段、姜片摆在上面，加入盐和上汤，放入蒸锅中蒸5分钟，拣出葱段、姜片即可。

营养师语

鲫鱼味甘，性平，具有健脾、开胃、益气、利水、通乳、除湿之功效。鲫鱼肉嫩味鲜，可做粥、做汤、做菜、做小吃等。尤其适于做汤，鲫鱼汤不但味香汤鲜，而且具有较强的滋补作用，非常适合中老年人和病后虚弱者食用，也特别适合产妇食用。

饮食宜忌

鲫鱼适宜孕妇、产后乳汁缺少之人食用，还适宜脾胃虚弱、饮食不香之人食用。

月子锦囊

将鱼去鳞剖腹洗净后，放入盆中倒一些料酒，就能除去鱼的腥味，并能使鱼更加鲜美。

鳅鱼豆腐汤

泥鳅

原料

泥鳅……………500 克
豆腐……………300 克
姜…………………2 片
香菜……………50 克
食用油、盐、高汤各适量

制作方法

1. 豆腐切块，香菜洗净。
2. 泥鳅去内脏、洗净，下油锅煎香，取出备用。
3. 锅内放适量高汤煮沸，放入泥鳅、豆腐块和姜片，小火煮 30 分钟，加入香菜，加盐调味，稍煮即可。

营养师语

泥鳅脂肪含量较低，胆固醇更少，且含一种类似甘碳戊烯酸的不饱和脂肪酸，有抗人体血管衰老的功效。

饮食宜忌

泥鳅不宜与狗肉同食；狗血与泥鳅相克；阴虚火盛者忌食；螃蟹与泥鳅相克，功能正好相反，不宜同吃；毛蟹与泥鳅相克，同食会引起中毒。

月子锦囊

买来的泥鳅用清水漂一下，放在装有少量水的塑料袋中，扎紧口，放在冰箱中冷冻，这样泥鳅长时间都不会死掉，只是呈冬眠状态；烧制时，取出泥鳅，倒在冷水盆内，待冰块化冻时，泥鳅就会醒来。

当归黄芪虾仁汤

虾

原料

当归…………… 15 克
黄芪…………… 30 克
虾仁…………… 200 克
猪脊骨………… 300 克
猪瘦肉………… 150 克
老姜、盐各适量

制作方法

1. 将猪脊骨、猪瘦肉斩块；姜洗净，切片；虾仁、当归、黄芪洗净。

2. 待煲内水沸后，放入猪脊骨、猪瘦肉汆去表面血渍，倒出洗净。

3. 用砂锅装水，大火煮沸后，放入猪脊骨、猪瘦肉、虾仁、当归、黄芪、老姜片，煲2小时，调入盐即可。

营养师语

当归是很好的补血、活血药和妇科调经药，可改善妇女月经不调、闭经、血虚体弱、心悸晕眩等症状。还可活血止痛、润肠通便、降血脂，能有效改善动脉硬化、体质虚寒、四肢冰冷等症状。

饮食宜忌

虾是发物，因此染有宿疾的人与正在上火的人不宜食用。

月子锦囊

在用沸水烫煮虾仁时，在水中放一根桂皮棒，既可以去虾仁腥味，又不影响虾仁的鲜味。

茭白炒蚕豆

茭白

原料

蚕豆…………100 克
茭白…………400 克
红辣椒、葱、盐、胡椒
粉、排骨酱、姜、水淀
粉、食用油各适量

制作方法

1. 茭白洗净切片，用开水烫一下，捞出沥干；葱、姜均切末；红辣椒切片。

2. 锅置火上放食用油，四成热时放入葱、姜末。

3. 炒出香味后倒入蚕豆、红辣椒片、茭白煸炒，再加入排骨酱、盐、胡椒粉、适量水，最后用水淀粉勾薄芡，炒匀即可。

营养师语

蚕豆含有调节大脑和神经组织的重要成分钙、锌、锰、磷等，并含有丰富的胆石碱，有增强记忆力的健脑作用。蚕豆中的钙，有利于骨骼对钙的吸收，能促进人体骨骼的生长发育。

饮食宜忌

蚕豆含有致敏物质，有极少数过敏体质的人吃了会产生不同程度的过敏、急性溶血等中毒症状，就是俗称的"蚕豆病"。

月子锦囊

如果不是马上烹调，茭白买回来时不要剥掉外壳，用报纸包住再套入塑胶袋后放入冰箱即可。若茭白上有黑点，并非坏了，而是一种有益的真菌，可以延缓骨质的老化。

西兰花炒豆腐

原料

西兰花

豆腐·············500 克
西兰花··········300 克
红辣椒·········· 10 克
盐················ 3 克
胡椒粉············ 2 克
水淀粉、食用油、姜
各适量

制作方法

1. 西兰花切成小朵，用沸水氽片刻，捞出沥干水；豆腐切块；红辣椒切段；姜切片。

2. 起锅倒入食用油加热，下入豆腐用小火煎至略黄，铲起。

3. 用锅中余油爆香姜片，下红辣椒翻炒，再依次倒入西兰花、豆腐，轻轻翻炒几下。

4. 下盐、胡椒粉调味，最后用水淀粉勾芡即可。

营养师语

西兰花中含有丰富且含量高的营养成分，主要包括蛋白质、糖类、脂肪、矿物质、维生素 C 和胡萝卜素等。其中丰富的维生素 C 有利于人的生长发育和提高人体免疫功能。

饮食宜忌

西兰花对食欲不振、消化不良、大便干结者都有帮助。红斑狼疮者忌食。

月子锦囊

西兰花氽水后，应用凉开水过水。为了获得更多的营养，月子里的妈妈要注意煮西兰花的时间，西兰花烧煮时间过长，其营养成分就会被破坏或流失。

催乳食谱之晚餐

丝瓜猪蹄汤

丝瓜

原料

嫩丝瓜	100 克
猪蹄	1 只
红枣	10 克
当归	10 克

清汤、姜片、食用油、盐、胡椒粉、料酒各适量

制作方法

1. 红枣洗净；当归切片；嫩丝瓜去皮、子，切条；猪蹄去尽毛，刮干净后斩成块。
2. 锅内烧水，待水沸后投入猪蹄，用中火煮 15 分钟，约八成熟时捞起。
3. 烧锅下油，放入姜片炒香，加入猪蹄、红枣、当归，注入适量清汤，煮沸，再下入丝瓜，调入盐、料酒、胡椒粉，煮 5 分钟即可。

营养师语

丝瓜络味甘，性寒，有通行经络和凉血解毒的作用，可治气血阻滞、经络不通等症。如果出现乳腺炎症、发奶时有包块、乳汁分泌不畅等情况，将丝瓜络放在高汤内炖煮，可以起到通调乳房气血、催乳和开胃化痰的功效。

饮食宜忌

脾胃虚寒、大便溏薄者忌食丝瓜。

月子锦囊

猪蹄一定要处理干净，以免有毛腥味，影响汤质、汤色。

花生木瓜脊骨汤

木瓜

原料

猪脊骨	600 克
花生	200 克
木瓜	300 克
猪瘦肉	200 克
姜	10 克
盐	适量

制作方法

1. 木瓜去皮，切块，去子；猪瘦肉、猪脊骨斩件；姜去皮。
2. 砂锅内放适量清水煮沸，加入猪瘦肉、猪脊骨汆去血渍，倒出，用温水洗净。
3. 砂锅内放入猪瘦肉、猪脊骨、木瓜块、花生、姜，加入适量清水，煲2小时，调入盐即可。

营养师语

木瓜润肺化痰、润肠通便，多食令皮肤滑嫩光泽。适用于脾虚肺弱、痰喘咳嗽、燥咳反胃、脚气、乳妇奶少、贫血、肠燥便秘等。

饮食宜忌

胆囊切除者不宜吃花生。

月子锦囊

在花生的诸多吃法中以炖吃为最佳，既避免了营养素的破坏，又具有不温不火、口感潮润、入口好烂、易于消化的特点，非常适宜产妇食用。

蛋炒丝瓜

丝瓜

原料

丝瓜…………250 克
鸡蛋…………　50 克
食用油、香油、盐、葱
各适量

制作方法

1. 将鸡蛋磕入碗内，加适量盐搅拌均匀；葱洗净，切段。
2. 丝瓜去皮，洗净，切成滚刀块。
3. 炒锅放食用油烧热，下入葱段炝锅，爆出香味，放入丝瓜块炒熟，倒入鸡蛋液翻炒，加入盐搅匀，淋入香油即可。

营养师语

有的妈妈由于产后身体虚弱的原因，导致月子里的奶水不足，这类妈妈可以试试这道催奶食谱。丝瓜具有清热化痰、凉血解毒、杀虫、通经络、行血脉、利尿、下乳等功效。夏季常食丝瓜可去暑除烦、生津止渴。平时常食则可治痰喘咳嗽、乳汁不通、痈疮疖肿等症。

饮食宜忌

哮喘患者、高胆固醇者忌吃（或少吃）鸡蛋黄。胃功能不全的儿童不宜多食丝瓜。

月子锦囊

丝瓜汁水丰富，宜现切现做，以免营养成分随汁水流走。此外，鸡蛋磕入碗中搅拌时，最好加适量盐，更能入味。

黄花菜炒鸡蛋

黄花菜

原料

鸡蛋·················· 4 个
黄花菜············· 150 克
葱丝、食用油、盐、醋、
糖各适量

制作方法

1. 黄花菜泡发，择根，切成小段；鸡蛋打散，加盐搅匀。
2. 起锅，倒入食用油，将鸡蛋液放入油锅中摊熟。
3. 倒入切好的黄花菜翻炒，加入盐、醋、糖翻炒均匀，出锅装盘，撒上葱丝即可。

营养师语

黄花菜中含有丰富的钙、镁、磷等矿物质，蛋白质含量也不低，有清热利尿、解毒消肿、止血除烦、宽胸膈、养血平肝、利水通乳、利咽宽胸、清利湿热的作用。黄花菜的花有健胃、通乳、补血的功效，哺乳期妇女乳汁分泌不足者食之，可起到通乳下奶的作用。

饮食宜忌

黄花菜含膳食纤维较多，肠胃病患者慎食，患有皮肤瘙痒症者忌食。

月子锦囊

炒黄花菜时加点水，可使口感湿润不发干。

干酱茭白

茭白

原料

茭白…………500 克
青菜…………100 克
清汤、酱油、料酒、甜
面酱、糖、盐、香油、
食用油各适量

制作方法

1. 茭白切长条；青菜洗净；将酱油、糖、盐、料酒和清汤兑成调味汁。

2. 锅内放食用油烧热，将茭白条下入炸至呈金黄色捞起，滤去炸油。

3. 锅内留油，加盐，将青菜炒熟起锅装盘垫底。

4. 锅内再下食用油烧热，下甜面酱炒香，加茭白和匀，烹入调味汁急炒数下，淋上香油，盛入盘内青菜上即可。

营养师语

茭白口感甘美，鲜嫩爽口，不仅好吃，且营养丰富。其含有碳水化合物、蛋白质、维生素B_1、维生素B_2、维生素C及多种矿物质。中医认为茭白性味甘冷，有解热毒、防烦渴、利二便和催乳功效。

饮食宜忌

由于茭白性冷，如果月子里的妈妈有脾胃虚寒、大便不实，要慎食。

月子锦囊

好卖相也是增加月子里的妈妈食欲的好办法。炸茭白时间过长，会导致其失去水分而影响形状，不能保持其脆嫩的特点，煮的时候要特别注意。

桃仁莴笋

原料

莴笋

莴笋……………400 克
净核桃仁………50 克
胡萝卜…………50 克
蒜蓉、盐、食用油、香油各适量

制作方法

1. 莴笋去皮洗净，切成片，下入开水锅内氽熟，捞出，沥干水分装盘；胡萝卜去皮洗净，切成片。

2. 炒锅置火上，注入适量食用油，大火烧至九成热，下入核桃仁炸一下，捞出，沥干油。

3. 炒锅留底油，以蒜蓉爆香，下入莴笋片、胡萝卜片，翻炒，加盐、香油，最后加核桃仁炒匀，出锅装盘即可。

营养师语

莴笋味道清鲜且略带苦味，可刺激消化酶分泌，增进食欲；其乳状浆液，可增强胃液的分泌和胆汁的分泌，从而促进各消化器官的功能。莴笋性味苦寒，有通乳功效，产妇乳少时也可食用莴笋烧猪蹄。

饮食宜忌

莴笋尤其适宜消化功能减弱、消化道中酸性降低和便秘的人食用。

月子锦囊

莴笋氽水时一定要注意时间和温度，时间过长、温度过高会使莴笋绵软，失去清脆口感。

莴笋炒豆腐

原料

豆腐·············200 克
莴笋·············150 克
姜·················· 15 克
盐、食用油各适量

豆腐

制作方法

1. 莴笋切片，豆腐切成 1 厘米厚的块，姜切末。
2. 锅内倒食用油加热，放姜末爆炒出香味后，加半碗水，放入莴笋，立即加盖，焖 2 分钟。
3. 待莴笋焖好后，放入豆腐，调入盐，轻轻翻炒几下，铲起装盘即可。

营养师语

豆腐营养极高，含铁、镁、钾、铜、钙、锌、磷、烟酸、叶酸、维生素B$_1$、维生素B$_2$和维生素B$_6$等，有中益气、清热润燥、生津止渴、清洁肠胃之功效。豆腐本身也是一种催乳食物，配合鲫鱼食用更有功效。

饮食宜忌

莴笋尤其适宜消化功能减弱、消化道中酸性降低和便秘的人食用。

月子锦囊

豆腐与红糖、酒酿加水煮服，亦可以生乳。

桂圆红枣泥鳅汤

泥鳅

原料

泥鳅…………500 克
黑豆…………20 克
桂圆肉…………25 克
红枣、生姜、盐、食用油各适量

制作方法

1. 将泥鳅用盐搓擦，再用热水烫洗，去掉鱼身表面的滑潺，剖开鱼肚，去掉内脏和头，用清水洗干净。

2. 泥鳅放入铁锅内，加适量食用油，将鱼身煎至微黄，取出，备用；将黑豆放入铁锅中，干炒至豆衣裂开，再洗干净，晾干水，备用；红枣、桂圆肉、生姜分别洗干净，红枣去核。

3. 将黑豆、红枣、桂圆肉和生姜放入瓦煲内，加入适量清水，先用大火煲至水沸，然后放入泥鳅，改用中火煲3小时，加入少许盐调味即可。

营养师语

泥鳅肉质鲜美，营养丰富，富含蛋白质，还有多种维生素，并具有药用价值，是人们所喜爱的水产佳品。泥鳅所含脂肪成分较低，胆固醇更少，属高蛋白低脂肪食品，且含一种类似甘碳戊烯酸的不饱和脂肪酸，有利于人体抗血管衰老，和豆腐同烹，具有很好的进补和食疗功用。

饮食宜忌

泥鳅不宜与狗肉同食；狗血与泥鳅相克；阴虚火盛者忌食。

月子锦囊

买来的泥鳅用清水漂一下，放在装有少量水的塑料袋中，扎紧口，放在冰箱中冷冻，泥鳅长时间都不会死掉，只是呈冬眠状态；烧制时，取出泥鳅，倒在冷水盆内，待冰块化冻时，泥鳅就会醒来。

豆腐鲫鱼汤

鲫鱼

原料

鲫鱼…………400克
豆腐…………400克
料酒、葱、姜、盐、食
用油各适量

制作方法

1. 将豆腐切成5毫米厚的薄片，用盐水腌渍5分钟，捞出沥水；葱洗净，切花；姜去皮，切片；鲫鱼去鳞和内脏洗净，抹上料酒，用盐腌渍10分钟。

2. 锅内放食用油烧热，爆香姜片，将鲫鱼两面煎黄，加适量清水，小火煲25分钟，再投入豆腐片，加盐调味，撒上葱花即可。

营养师语

鲫鱼具有很好的催乳作用，配豆腐用，益气养血、健脾宽中。豆腐营养丰富，蛋白质含量较高，对于产后康复及乳汁分泌有很好的促进作用。

饮食宜忌

鲫鱼不宜和大蒜、砂糖、芥菜、沙参、蜂蜜、猪肝、鸡肉以及中药麦冬、厚朴一同食用。吃鱼前后忌喝茶。

月子锦囊

无腥味的鱼汤更受产妇的欢迎。将鱼去鳞，剖腹，洗净后，放入盆中，倒一些料酒，就能除去鱼的腥味，并能使鱼滋味鲜美。

东坡豆腐

豆腐

原料

豆腐··············450 克
猪肉··············100 克
鸡蛋·············· 50 克
青辣椒·········· 20 克
红辣椒·········· 15 克
淀粉、生抽、盐、料
酒、胡椒粉、食用油各
适量

制作方法

1. 把鸡蛋打散，加淀粉调匀；豆腐切薄片，沾上鸡蛋液；猪肉切丝；青辣椒、红辣椒分别切丝。

2. 锅中放食用油烧热，把裹上鸡蛋液的豆腐放入锅中，煎至两面金黄，铲起放入盘中。

3. 锅中放入少量食用油，下猪肉丝炒熟，倒入料酒，放入青辣椒丝、红辣椒丝、盐、胡椒粉、豆腐、生抽，炒匀后装盘即可。

营养师语

豆腐不仅营养丰富，还具有食疗价值。明代李时珍在《本草纲目》中说，豆腐能"宽中益气，和脾胃，消胀满，下大肠浊气"、"清热散血"。豆腐是催乳佳品，产妇多食有益。

饮食宜忌

阴虚火旺、高血压、肺结核病患者慎食红辣椒。

月子锦囊

豆腐要选择比较有韧性一点的，以免在煎炸的过程中破碎。

催乳食谱之点心

芝麻低脂蛋糕

原料

鸡蛋

低筋面粉········100 克
鸡蛋············450 克
牛奶··········125 毫升
玉米油········125 毫升
醋、黑芝麻、细砂糖、
奶油、巧克力、蜂蜜、
塔塔粉各适量

制作方法

1. 低筋面粉过筛备用，将鸡蛋打散，把鸡蛋清与鸡蛋黄分离出来备用，将奶油、巧克力、蜂蜜调匀。

2. 把鸡蛋黄、细砂糖、玉米油、牛奶、低筋面粉、黑芝麻、塔塔粉放入干净的容器里，搅拌至油水混合，继续搅拌至无颗粒状。

3. 将鸡蛋清放入干净的无水无油的容器里，加入细砂糖和醋打发至硬性发泡。

4. 将三分之一的鸡蛋清糊与鸡蛋黄糊搅拌均匀，继续加入三分之一的鸡蛋清糊搅匀，再倒入剩余的鸡蛋清糊里翻拌均匀。

5. 把搅拌好的蛋糕糊倒入铺了锡纸的烤盘里，抹平蛋糕糊表面，并轻震几下，震出大气泡。

6. 将烤盘放入预热好了的烤箱内，以上下火 180℃的温度烘烤 20 分钟，拿出倒扣在烤网上，把锡纸剥离。

7. 把烤好的蛋糕分为相等的两份，在其中一份蛋糕的表面涂抹上步骤 1 中调好的奶油、巧克力、蜂蜜汁，然后再铺上另一份蛋糕，放入冰箱冷藏定型后，取出切成小块即可。

营养师语

据研究，每100克的鸡蛋含蛋白质12.8克，主要为卵白蛋白和卵球蛋白，其中含有人体必需的8种氨基酸，并与人体蛋白的组成极为近似，人体对鸡蛋蛋白质的吸收率可高达98%。

月子锦囊

蛋糕烤好后，趁热把锡纸或油纸撕下来。如果等蛋糕完全冷却后，可能就没有那么容易撕下来，再撕会粘着蛋糕的边角，破坏蛋糕的形状。

芝麻饼

原料

猪油……………	100 克
牛油……………	70 克
细砂糖…………	300 克
鸡蛋……………	70 克
低筋面粉………	500 克
奶粉……………	50 克
小苏打…………	4 克
牛奶……………	60 毫升
臭粉……………	9 克

黄色素水、白芝麻各适量

芝麻

制作方法

1. 将猪油、牛油、细砂糖混合，搅拌均匀，加入鸡蛋，并打散拌匀，再加入低筋面粉、奶粉、小苏打、牛奶、臭粉、黄色素水，搅拌均匀，成为面团。

2. 面团微饧发约5分钟，揉搓均匀并用擀面杖擀平，用圆形食品模具压成型。

3. 将芝麻均匀地撒在饼胚上，用手指轻压防掉落。

4. 将粘好芝麻的饼胚整齐地排放在烤盘内，入烤箱，并以上火120℃、下火160℃的温度烘烤18分钟，熟透后出烤箱即可。

营养师语

白芝麻含有大量的脂肪和蛋白质，还有糖类、维生素 A、维生素 E、卵磷脂、钙、铁、镁等营养成分，有补血明目、祛风润肠、生津通乳、益肝养发、强身体、抗衰老之功效。白芝麻还具有养血的功效，可以治疗皮肤干燥、粗糙，令皮肤细腻光滑、红润，非常适合月子里的妈妈恢复身体食用。

饮食宜忌

患有慢性肠炎、便溏腹泻者忌食芝麻。

月子锦囊

制作过程中要多搅拌，搅拌时不要过度，均匀即可。成品容易上色，烘烤时要注意掌控火候，以免表面烧焦。

花生酱蛋糕卷

原料

鸡蛋	650 克	牛奶	50 毫升
细砂糖	250 克	色拉油	120 毫升
盐	2.5 克	水	500 毫升
低筋面粉	120 克	花生酱	120 克
吉士粉	50 克	牛油	75 克
高筋面粉	120 克	糖粉	50 克
牛奶香粉	5 克	色拉油	35 毫升
蛋糕油	25 克		

制作方法

1. 将鸡蛋打散倒入搅拌桶中,再加入细砂糖、盐,放入电动搅拌机中,快速打至糖、盐溶化。

2. 在筛网下放入一张纸,倒入低筋面粉,再加入高筋面粉,倒入牛奶香粉、吉士粉,过筛。

3. 往过筛后的粉中加入蛋糕油,然后倒入打好的鸡蛋液中,用电动搅拌机快速打匀,继续加入水、牛奶,用电动搅拌机快速打匀,打至面糊 2 倍起发后,一边搅拌一边缓缓倒入沙拉油,打匀后取出。

4. 在烤盘内放入一张白纸,将打好的面糊倒入模具内,填至八成满。

5. 将烤盘放入烤箱中,以上火 200℃、下火 150℃烘烤 30 分钟,将烤好的蛋糕出烤箱后放凉。

6. 将馅料部分的牛油放入盆中,再加入糖粉,用打蛋器搅匀。

7. 分次倒入色拉油,每次倒入一点,拌匀后再倒一点,依次倒完,再加入花生酱,拌匀后即可成馅。

8. 将烘烤好的蛋糕对半切开,分别放在蛋糕纸上,在切开的蛋糕上抹上拌匀的花生酱。

9. 在蛋糕纸下放一根圆棍,卷起蛋糕向前堆去,卷成蛋糕卷,放在一边放凉。

10. 待蛋糕凉后将纸取出,切件,挤上花生酱,再撒上防潮糖粉即可。

营养师语

鸡蛋含大量蛋白质和卵磷脂,适合给产妇补充营养,对母婴健康都有好处。

饮食宜忌

吃完鸡蛋后不要立即饮茶,因为茶叶中含有大量鞣酸,与蛋白质合成具有收敛性的鞣酸蛋白质,使肠蠕动减慢,从而延长粪便在肠道内的滞留时间,易造成便秘。

月子锦囊

蛋糕油一定要在面糊快速搅拌之前加入,这样才能充分搅拌溶解,达到最佳的效果,且蛋糕油加入后搅拌时间不宜太长。

马蹄糕

马蹄

原料

马蹄粉…………600 克
细白糖…………100 克
冰糖……………100 克
植物油………… 20 克
马蹄粒、清水各适量

制作方法

1. 将马蹄粉放在盆里，加清水250毫升，揉匀，捏开粉粒，再加入清水1250毫升，拌成粉浆，用纱布过滤，放在桶内。

2. 将细白糖、冰糖加清水1000毫升煮至溶解，用纱布过滤，再行煮沸，冲入粉浆中。

3. 冲时，要随冲随搅，冲完后仍要搅拌一会儿，使它均匀且有韧性，成为半生半熟的糊浆。

4. 取方盘一个，抹一层油，将糊浆倒入，适当撒些马蹄粒，置于蒸笼上。

5. 大火烧沸水锅，放入蒸笼用中火蒸20分钟。

6. 待糕冷却后，切成块即可。

营养师语

马蹄具有凉血解毒、利尿通便祛痰、消食除胀的作用，还有调理痔疮或痢疾便血、妇女崩漏、阴虚肺燥、痰热咳嗽、咽喉不利、痞块积聚、目赤障翳等功效。马蹄性寒，对于产后恢复不利，不过可少量食用。

饮食宜忌

马蹄属于生冷食物，脾胃虚寒、大便溏泄和有血瘀者不宜食用。

月子锦囊

冲制的糊浆生熟度要适中，太生淀粉沉底，面稀；太熟糕身起眼，质霉。蒸时火候要适度，火过大，中间未熟，表层溢泻；火过小，表层外溢，糕起蜂巢，影响质量。

清香玉米粽

玉米

原料

玉米粒…………300 克
水晶粉…………120 克
鲜奶…………200 毫升
细白糖…………100 克
玉米皮、蕉叶、食用油
各适量

制作方法

1. 玉米粒加入鲜奶、细白糖，打烂成稠糊状，倒入水晶粉中。
2. 搅拌至无干粉粒。
3. 倒入刷油的方盘内，蒸 8 分钟。
4. 晾凉后卷起成条形，然后用刀切成 5 厘米长段。
5. 用玉米皮包成长条形。
6. 用蕉叶卷起装饰即可。

营养师语

玉米对月子里的妈妈的滋补和身体恢复都有很好的帮助：玉米中含有大量的植物纤维素能加速排除体内毒素，其中天然维生素 E 则有促进细胞分裂、延缓衰老、降低血清胆固醇、防止皮肤病变的功能，而玉米胚尖所含的营养物质则使皮肤细嫩光滑，抑制、延缓皱纹产生。

饮食宜忌

玉米适宜脾胃气虚、气血不足、营养不良之人食用；患有干燥综合征、糖尿病、更年期综合征属阴虚火旺之人，建议不吃爆米花，以免助火伤阴。

月子锦囊

玉米要选无渣甜玉米为好。

蜂蜜西饼

原料

饼体：

白奶油	250 克
糖粉	150 克
蛋清	20 克
低筋面粉	280 克
花生粉	30 克
奶香粉	2 克

馅料：

白奶油	125 克
细白糖	50 克
鸡蛋	120 克
蜂蜜	50 克
低筋面粉	30 克
花生粉	120 克
花生碎	适量

制作方法

1. 将饼体材料中的白奶油、糖粉混合，搅拌均匀。
2. 分次加入鸡蛋清拌匀。
3. 加入低筋面粉、花生粉、奶香粉，搅拌至完全混合，揉成面团。
4. 面团拌好后稍松弛5分钟。
5. 松好的面团搓成长条状，放入冷柜冷冻。
6. 取出冻好的面团，切成3毫米厚的薄片状。
7. 将薄片排放于耐高温布上备用。
8. 将馅料部分的白奶油、细白糖拌好，然后加入鸡蛋打匀，并加入蜂蜜、低筋面粉、花生粉、花生碎拌成馅料。
9. 将馅料装入花袋中，然后挤在饼胚表面。
10. 把饼胚放入烤箱，用上火160℃、下火140℃的温度烘烤30分钟即可。

营养师语

食用蜂蜜能迅速补充体力，消除疲劳，增强对疾病的抵抗力。蜂蜜还有杀菌的作用，经常食用蜂蜜，不仅对牙齿无碍，还能在口腔内起到杀菌消毒的作用。产妇吃蜂蜜对防治便秘有好处。

饮食宜忌

食用蜂蜜时用温开水冲服即可，不能用沸水冲，更不宜煎煮。

月子锦囊

加馅时不要过多。花生粉可以自己制作，将花生炒熟后晾凉并搓掉红衣，用干磨机打磨成细粉即可；如果没有干磨机，就把炒熟的花生晾凉后搓掉红衣，用擀面杖擀压细碎也可以。

PART 5

恢复阶段

产后美容纤体法大公开

很多新妈妈在生产后都对产后身材颇有微词：脸上长斑了，乳房缩水了，腿粗了，腰都没了，整体都胖了……如何能健康地恢复身体状态，是新妈妈们在照顾孩子之外的另一个大难题。除了健康的饮食，一些适合的运动也有所帮助。

产后瘦身运动建议

新妈妈不宜在生育后马上做减肥运动，刚生育不久就做一些减肥运动可能会导致子宫康复放慢并引起出血，而剧烈一点儿的运动则会使新妈妈的手术创面或外阴切口的康复减慢，因为在怀孕期间，体内激素发生变化，使结缔体素软化，在生育后的几周内，一些关节特别容易受伤。一般来说，顺产 4 ~ 6 周后产妇才可以开始做产后瘦身操，剖宫产产妇则需要 6 ~ 8 周甚至更长的恢复期。

产后练习热瑜伽对身体恢复很好。

热瑜伽的特色是课堂在一个较高温度(38℃ ~40℃)的室内进行瑜伽练习，令体温快速提升，加速排汗及排毒功能。

产后热瑜伽能帮助减肥，产后尽早开始做锻炼对体形的恢复非常有帮助。自然分娩的新妈妈产后 1 个月后就可以开始练习。对于剖宫产的新妈妈，产后 3 个月，经过医生的许可后，可以开始练习。

哺乳期间的新妈妈们，在做一些要趴在地板动作时不要强做，和教练说明自己的状况，教练会帮你修改动作的。

新妈妈也可以为自己制定一个初期的锻炼计划，一周练习 3 次。一般三四堂课就可以适应了。练习的第一堂课 30 分钟，第二堂就增加到 40 分钟，这样依次类推，逐渐增加练习时间，循序渐进地锻炼。

产后丰胸法

吹气球

实施方法：先准备好一个大气球，每日吹3次，每次吹气球前先做深呼吸，再尽力呼气，吹5~10遍，以后逐渐加大吹气量，以不吹破气球为标准。

作用原理：吹气球需要深呼吸，能增加人的肺活量，促进新陈代谢，消耗能量和脂肪，起到瘦身作用。同时，深呼吸也是一种扩胸运动，能锻炼胸肌，让胸部坚挺。

游泳

实施方法：游泳可以不分季节地进行。每周游1~2次，对乳房的健美大有益处。

作用原理：水对胸廓的压力不仅能使呼吸肌得到锻炼，胸肌也会格外发达。

手法按摩

实施方法：每晚临睡前热敷两侧乳房3~5分钟，再用手掌由左至右按摩乳房周围20次，坚持按摩2~3个月能见效。

作用原理：乳房按摩能促进性腺分泌激素，使卵巢分泌雌激素，从而促进乳腺发育，不让乳房因为减肥而掉肉。

产后如何正确瘦腿

平时可多锻炼双腿和按摩双腿。

在锻炼大腿时，注意膝盖要尽量伸直。在运动开始前，可以用一些精油涂抹在腿上活血，这样可以增加运动效果，减少伤害。

按摩双腿时先将腿部用热水打湿，再用按摩药膏均匀地涂抹在腿上，随后用按摩刷自下往上轻刷。这种方法可能无法达到减肥的效果，但能促进血液循环，健美腿部肌肤。

也可挑选一款精油，取1~2滴滴在腿上，随后用揉、捏、推等方式进行按摩。

产后祛斑法

生产后体内雄孕激素分泌恢复到怀孕的正常平衡状态，大部分人脸上的斑会自然减轻或消失，但也有人依然如故，这就需要由内而外进行调节。

目前流行的几种祛斑方法：

激光祛斑——用先进的激光仪器除去色斑。

果酸祛斑——用高浓度果酸剥脱表皮，较以往的化学剥脱安全可靠，达到"换肤"的目的。

磨削祛斑——用机械磨削的方法，祛除表层色斑。

针灸祛斑——属中医范畴，调节经络，改善人体内分泌。

药物祛斑——口服维生素C，并结合静脉注射维生素C。

中草药祛斑——遵循中医原理，服用具相应功能的中草药制剂，外加敷中草药面膜，由内而外治愈色斑。

祛斑方法很多，但效果因人而异。目前最安全、有效消除妊娠黄褐斑的方法还是属中医范畴的中草药祛斑和针灸祛斑的结合，这种方法虽然见效慢，但安全可靠，治标治本，不易反弹。

瘦身食谱之早餐

荷叶粥

原料

荷叶

鲜荷叶…………… 1 张
粳米…………… 150 克
食用油、盐、冰糖各适量

制作方法

1. 粳米洗净，加食用油、盐腌 30 分钟；新鲜荷叶洗净，切去边角，待用。
2. 把荷叶放入砂锅内，加适量清水煎汤。
3. 去掉荷叶渣，加入粳米，大火煮沸，转小火煮至粥成，加冰糖煮溶，拌匀即可。

营养师语

荷叶性平，味苦涩，有解暑热、清头目、止血之功效。荷叶粥或荷叶饭是夏天极佳的解暑食物，特别是中老年人，常喝荷叶粥，对高血脂、高血压及肥胖症有一定的疗效。

饮食宜忌

体瘦气血虚弱者慎食荷叶。

月子锦囊

煮荷叶时还可以放点绿豆，除了祛暑清热以外，还有和中养胃的作用，适合夏季坐月子的妈妈食用。

银耳小米粥

原料

小米·················150 克
银耳················· 50 克
枸杞子············· 10 克
冰糖··············适量

小米

制作方法

1. 银耳泡发，去蒂，掰成小朵；小米洗净，用清水浸泡30分钟；枸杞子用温水洗净。

2. 银耳倒入砂锅里，加适量清水，大火煮沸，放小米，煮沸，转小火熬至粥成。

3. 加入枸杞子和冰糖，继续煮到冰糖溶化即可。

营养师语

小米富含维生素 B_1、维生素 B_{12} 等，具有防治消化不良、口角生疮、反胃、呕吐以及减轻皱纹、色斑、色素沉着等功效。

饮食宜忌

外感风寒、出血症、糖尿病患者慎食银耳。

月子锦囊

小米粥不宜太稀薄，所以放水时，要少放些；淘小米时不要用手搓，而且不能长时间浸泡或用热水淘。

枸杞子核桃豆浆

原料

大米……………	50 克
黄豆……………	50 克
核桃仁…………	25 克
枸杞子…………	10 克
蜂蜜……………	适量

黄豆

制作方法

1. 先将黄豆洗净，浸泡一夜；核桃仁切碎；大米淘洗干净，浸泡 3 小时；枸杞子清洗干净。
2. 将大米、黄豆、核桃仁、枸杞子一起放入豆浆机中，加适量清水，接通电源，启动豆浆机。
3. 待浆成，晾凉后，加入蜂蜜调味即可。

营养师语

大米含有蛋白质、脂肪、维生素B₁、维生素A、维生素E及多种矿物质，具有补中益气、滋阴润肺、健脾和胃、除烦渴的功能。黄豆营养价值很高，是膳食优质蛋白的重要来源。此外，黄豆制品如豆腐、豆腐丝等富含钙，是产妇补钙的理想食品。

饮食宜忌

黄豆性偏寒，胃寒者和易腹泻、腹胀、脾虚者不宜多食。

月子锦囊

黄豆可炖汤、打成豆浆喝。有专家说，黄豆制品中，豆浆的活性成分比蒸煮、烘烤等要高，月子里的妈妈可多吃。

云吞面

原料

面条·····················300 克
猪肉·····················300 克
云吞皮····················250 克
胡萝卜·····················50 克
甜玉米粒····················50 克
鸡蛋·······················1 个
生姜·······················5 克
淀粉、盐、胡椒粉、葱花各适量

制作方法

1. 猪肉洗净，剁末；玉米洗净，剁碎；胡萝卜洗净，刨丝。
2. 肉末中加入生姜、盐、胡椒粉、淀粉以及鸡蛋搅拌均匀，直至起胶，加入玉米和胡萝卜丝继续搅拌，制成肉馅。
3. 将肉馅包入云吞皮中，云吞皮对折，将靠近自己的两个角粘在一起。
4. 清水煮沸，加入云吞和面条，沸腾后再煮片刻，加入盐和香油调味，撒上葱花即可。

营养师语

面条的主要营养成分有蛋白质、碳水化合物、维生素、矿物质、膳食纤维等，尤其是添加了鸡蛋、大豆粉、绿豆粉、荞麦粉等的面条，营养价值更高。面条易于消化吸收，有改善贫血、增强免疫力、平衡营养吸收等功效。

饮食宜忌

胃肠疾病患者、腹泻者、感冒发烧者宜选择质地柔软的面条。

月子锦囊

产妇食用面条时应该煮得软烂一些，这样更易于消化吸收。

鱿鱼羹面

鱿鱼

原料

鱿鱼················ 50克
白菜················ 50克
香菇················ 50克
面条················200克
鸡汤、酱油、水淀粉、
盐各适量

制作方法

1. 鱿鱼洗净，切丝，沸水汆一下；白菜、香菇洗净，切丝。

2. 将香菇、白菜、鱿鱼丝入油锅翻炒至八成熟，加入鸡汤、盐、酱油，入水淀粉，待汤黏稠成鱿鱼羹。

3. 将面条入沸水锅煮熟，倒入鱿鱼羹即可。

营养师语

鱿鱼除富含人体所需的氨基酸外，还含有大量的牛黄酸，可抑制血液中的胆固醇含量、缓解疲劳、恢复视力、改善肝脏。鱿鱼还有预防血管硬化、胆结石形成的功效。中医认为，鱿鱼有滋阴养胃、补虚润肤的功能。

饮食宜忌

宜慎吃少吃鱿鱼。对海鲜不过敏的妈妈如果想吃鱿鱼，建议吃新鲜的。

月子锦囊

月子里的妈妈不应吃干鱿鱼丝，不管多干的鱿鱼丝还是有水分易发霉。另外，鱿鱼丝还有保鲜剂和防腐剂。

燕麦核桃小法包

燕麦

原料

高筋面粉⋯⋯⋯800 克
低筋面粉⋯⋯⋯200 克
酵母⋯⋯⋯⋯⋯ 12 克
盐⋯⋯⋯⋯⋯⋯ 10 克
水⋯⋯⋯⋯⋯650 毫升
燕麦片、核桃粉各适量

制作方法

1. 将高筋面粉、低筋面粉、酵母、盐、水、核桃粉放入搅拌机内慢速拌匀。
2. 转中速搅拌成面团（约 4 分钟，面团温度 28℃）。
3. 在面团上盖上薄膜，放在常温下发酵 30 分钟。
4. 发酵完成后将面团分割成每份约 150 克的小面团。
5. 在案板上撒一些面粉，把小面团轻轻卷成棍形。
6. 再盖上薄膜松弛 30 分钟，松弛后用手掌拍扁排气。
7. 将面团由上而下卷成小椭圆形，表面粘上燕麦片。
8. 排入烤盘，放进发酵箱最后饧发，温度 35℃，湿度 80%。
9. 饧发至原体积的 2.5 倍左右即可。
10. 放入烤箱，以上火 200℃、下火 180℃的温度烘烤约 20 分钟即可。

营养师语

燕麦中含有燕麦蛋白、燕麦肽、燕麦 β 葡聚糖、燕麦油等成分，能抗氧化功效、增加肌肤活性、延缓肌肤衰老、美白保湿、减少皱纹色斑、抗过敏，对月子里的妈妈很有好处。

饮食宜忌

燕麦一次不宜食用太多，否则会造成胃痉挛或腹胀。

月子锦囊

面包放在烤箱内的位置也因制作面包的大小而有所不同。一般来说，薄片面包放上层，中等面包放中层，吐司等较大的面包需要放在烤箱中下层，才能保证上下受热均匀，必要时可以加盖锡纸以免上色过重。

冬菇鸡肉饺

香菇

原料

面粉…………200 克
鸡肉…………300 克
香菇…………150 克
鸡蛋………… 70 克
盐、姜末、淀粉、料酒、香油、水各适量

制作方法

1. 鸡肉洗净，切末；香菇洗净浸发，切粒。

2. 将鸡肉、香菇粒、淀粉、料酒、姜末、盐一起拌好，再分次拌入少量清水，直至肉末黏稠上劲，再打入鸡蛋充分搅匀，制成肉馅。

3. 面粉加水、盐和成面团，盖上湿布饧30分钟，饧好后揉团分剂，分别压成饺子皮，包入适量肉馅，捏成饺子。

4. 锅内烧开足量清水，放入饺子，煮熟后淋入香油即可。

营养师语

香菇富含高蛋清、低脂肪、多糖、多种氨基酸和多种维生素。其所含麦淄醇可转化为维生素 D，起到辅助钙吸收、增强人体抗病能力的作用。鸡肉对营养不良、畏寒怕冷、乏力疲劳、月经不调、贫血、虚弱、产后乳少等有很好的食疗作用。

饮食宜忌

鸡肉性温，助火，肝阳上亢及口腔糜烂、大便秘结者不宜食用。

月子锦囊

鸡肉蛋白质含量较高，且易被人体吸收利用，有助于产后恢复。

瘦身食谱之午餐

全福豆腐

油菜

原料

豆腐…………400 克
油菜…………100 克
蘑菇………… 50 克
香菇………… 30 克
食用油、酱油、盐、
糖、水淀粉、水各适量

制作方法

1. 香菇入沸水中泡软，去蒂；蘑菇去蒂；油菜留菜心，修去叶根，汆至碧绿，冷水冲凉；豆腐切片。

2. 炒锅置于火上，倒食用油烧热，下豆腐，入锅煎至两面金黄后，再下入酱油、糖、盐、清水一碗，放入香菇、蘑菇、油菜心，焖烧至汤汁浓稠，离火。

3. 将油菜心铺在盘中，豆腐放在油菜心上，香菇摆在豆腐上，再摆上蘑菇。

4. 最后将汤汁用水淀粉勾芡，浇在全福豆腐上即可。

营养师语

油菜含有大量胡萝卜素和维生素C，有助于增强机体免疫力。而大豆具有丰富的营养，每100克大豆可为人体提供近40克的蛋白质，是瘦猪肉的2倍、鸡蛋的3倍、牛奶的12倍、鱼的2倍多，特别适合产妇食用。

饮食宜忌

麻疹、疥疮及目疾患者不宜食油菜。

月子锦囊

优质豆腐具有豆腐特有的香味，次质豆腐香气平淡，劣质豆腐有豆腥味、馊味等不良气味，为了产妇和婴儿的健康，在选择豆腐时要仔细对比。

蒜蓉豆苗

原料

豆苗…………500 克
蒜、食用油、盐、味精、
清汤、香油各适量

豆苗

制作方法

1. 豆苗择去头、尾，洗净；蒜去皮，剁成蓉。
2. 炒锅置火上，放适量清水煮沸，放入豆苗焯一下，取出控净水分待用。
3. 原锅放适量食用油烧热，加蒜蓉炒至微黄，装盘，再下入豆苗快速翻炒，加清汤、盐和味精调味，淋上香油，一起装入蒜蓉盘中即可。

营养师语

豆苗含钙、B 族维生素、维生素 C 和胡萝卜素，有利尿、止泻、消肿、止痛和助消化等功效，还能修复晒黑的肌肤以及使肌肤清爽不油腻。豆苗不仅营养丰富，含有多种人体必需的氨基酸，其味清香质柔嫩、滑润适口，产妇可以多吃。

饮食宜忌

豆苗和猪肉同食对预防糖尿病有较好的作用。

月子锦囊

豆苗的独特气味，无论作为主菜或配菜，都十分美味，不论是用来热炒、做汤、涮锅都不失为餐桌上的上乘蔬菜，月子里的妈妈可尝试各种煮法，让饮食更有新意。

清蒸鲈鱼

原 料

鲈鱼…………500 克
姜、葱、酱油、食用油、
香油各适量

鲈鱼

制作方法

1. 将鲈鱼宰杀，洗净，两面均匀打上花刀；姜、葱分别切成斜刀片、段，另取部分切成丝。
2. 鲈鱼放在大鱼盘里，鱼身上铺上姜片、葱段，淋香油，入蒸笼内以大火蒸15分钟后取出，拣去姜片、葱段。
3. 将姜丝、葱丝撒在鱼身上；另取锅烧食用油至八成热，淋在鱼身上，再倒入适量的酱油在盘中即可。

营养师语

鲈鱼血中有较多的铜元素，铜能维持神经系统的正常功能并参与数种物质代谢的关键酶的功能发挥，铜元素缺乏的人可食用鲈鱼来补充。

饮食宜忌

鲈鱼适宜贫血头晕、妇女妊娠水肿、胎动不安之人食用。

月子锦囊

秋末冬初成熟的鲈鱼特别肥美，鱼体内积累的营养物质也最丰富，此时是吃鲈鱼的最好时令。秋季坐月子的产妇不要错过了。

黄花菜焖鱼

黄花菜

原料

草鱼…………750 克
黄花菜………100 克
水淀粉、姜末、酱油、料酒、盐、胡椒粉、香油、食用油、香菜、味精、水各适量

制作方法

1. 草鱼宰好，洗净，入油锅里煎至两面金黄色。
2. 加入料酒、姜末、黄花菜、盐、味精、酱油和适量的水，盖上锅盖，用中火炖煮至熟，上碟。
3. 洗净炒锅，下食用油，将水淀粉、香油、胡椒粉和匀烹成芡汁，淋在鱼上，撒上香菜即可。

营养师语

黄花菜中含有丰富的卵磷脂，这种物质是机体中许多细胞特别是大脑细胞的组成成分，对增强和改善大脑功能有重要作用，同时能清除动脉内的沉积物。

饮食宜忌

黄花菜含粗纤维较多，肠胃病患者慎食。

月子锦囊

黄花菜选用冷水发制的较好。

炖奶鲫鱼

牛奶

 原 料

鲫鱼…………300克
姜、火腿、熟笋、牛奶、
葱、豌豆苗、香菇、盐、
料酒、糖、高汤、香菜
各适量

制作方法

1. 鲫鱼宰好，洗净；豌豆苗洗净；香菇、熟笋分别切片。

2. 火腿切细末；葱一半切成末，一半切成段；姜切片。

3. 鲫鱼放入沸水中烫煮4~5分钟，去掉血水。

4. 在炖锅中依次放入姜片、葱段、香菇片、熟笋片、鲫鱼、豌豆苗、火腿末，加盐、料酒、糖、高汤,炖煮15分钟,倒入牛奶,撒香菜煮一下即可。

营养师语

牛奶中的钙最容易被吸收，而且磷、钾、镁等多种矿物质搭配也十分合理,具有补虚损、益肺胃、生津润肠之功效，产妇每天喝牛奶有利于身体康复。鲫鱼有补气血、生乳作用,对产妇有通乳汁、补身体、促康复的功效。产后妇女炖食鲫鱼汤，可补虚通乳。

饮食宜忌

贫血、患有胃溃疡的产妇不建议喝牛奶。

月子锦囊

鲫鱼肉嫩味鲜，可做粥、做汤、做菜、做小吃等，尤其适于做汤，不但味香汤鲜，而且具有较强的滋补作用，加上美味的鲫鱼，是许多坐月子妈妈首推的月子菜。

赤豆草鱼汤

赤豆

原料

赤豆……………… 15 克
草鱼………………300 克
冬瓜………………200 克
姜片……………… 8 克
盐………………… 5 克
食用油……………适量

制作方法

1. 将冬瓜洗净，切块；赤豆洗净；草鱼去鳞、腮、内脏，洗净，剁块。
2. 炒锅下食用油烧热，放入草鱼块煎至两面金黄色，再铲出沥油。
3. 将赤豆、冬瓜、草鱼、姜片一起放入砂锅内，加入适量清水，中火煲40分钟，加盐调味即可。

营养师语

赤豆营养丰富，产妇适量食用可以缓解水肿，提高机体免疫力。赤豆还有消胀满、通乳汁、补血、补充维生素、降血脂的功效。冬瓜清热、利尿、减肥。草鱼温中和胃、抗衰养颜。此汤可减肥瘦身、滋补美容，对产妇的恢复有积极作用。

饮食宜忌

此汤适宜肾病、水肿、动脉硬化、冠心病、肥胖、缺乏维生素 C 者多食。

月子锦囊

草鱼要新鲜，煮时火候不能太大，以免把鱼肉煮散。

奶香番茄

 料

番茄…………400 克
嫩豆腐、水发木耳、姜、
荷兰豆粒、食用油、盐、
糖、牛奶、水淀粉、清
汤、香油各适量

番茄

制作方法

1. 番茄洗净，切去上面四分之一，挖空；
   嫩豆腐打碎，搅成泥状；水发木耳、姜
   均洗净，切米粒。

2. 把豆腐泥加姜米、木耳米、荷兰豆粒拌
   匀，酿入番茄内，入笼用大火蒸 7 分钟。

3. 炒锅置火上，注入适量食用油烧热，加
   清汤，加盐、糖、牛奶煮沸，用水淀粉
   勾芡，淋香油，倒在番茄上即可。

营养师语

番茄味甘、酸，性微寒，具有生津止渴、健胃消食、凉血平肝、清热解毒、降低血
压的功效。

饮食宜忌

番茄适宜食欲不振、习惯性牙龈出血、贫血者食用，但急性肠炎、菌痢及溃疡活动
期病人不宜食用。

月子锦囊

洗番茄的时候，要将蒂部挖净，在凹陷处仔细清洗。挖瓢的时候，不能把番茄挖破。

香菇四季豆丝

四季豆

原料

四季豆…………400克
香菇……………100克
糖、食用油、味精、胡椒粉、盐各适量

制作方法

1. 四季豆择去两头洗净，放沸水中烫熟，捞出晾凉，切成细丝，再加盐，拌匀，腌20分钟；香菇洗净，放入水中泡软，切成细丝。

2. 炒锅置大火上，注入适量食用油烧热，倒入香菇丝煸炒几下，加盐、糖拌匀，放入腌好的四季豆丝，加胡椒粉、味精，炒熟即可。

营养师语

四季豆味甘，性平，有健脾、和中、益气、化湿、消暑之功效。四季豆含有多种维生素，其中维生素A能促进视网膜内视紫质的合成或再生，维持正常视力。

饮食宜忌

四季豆适宜脾虚便溏、饮食减少、慢性久泄以及妇女脾虚带下、小儿疳积（单纯性消化不良）者食用，但是患寒热病者、患疟者不可食。

月子锦囊

四季豆烹调前最好用沸水烫熟或用冷水浸泡。

香菇炒西兰花

西兰花

原料

西兰花…………450 克
香菇……………100 克
食用油、蒜片、盐、胡
椒粉、水各适量

制作方法

1. 西兰花洗净，切成块；用热水把香菇泡软，洗净，挤干水分，切成片。
2. 西兰花、香菇同时放入沸水中烫 3 分钟，捞出。
3. 炒锅置大火上，注入适量食用油烧热，下入蒜片炒香，约 1 分钟，倒入香菇炒 1 分钟，加西兰花、盐炒翻均匀。
4. 倒入清水适量，将锅盖盖上，火调至中火，焖 5 分钟左右，直到西兰花烧软，期间需要不断翻炒，去掉蒜片，撒上胡椒粉，出锅装盘即可。

营养师语

西兰花维生素 C 含量极高，不但有利于人的生长发育，更重要的是能提高人体免疫功能，促进肝脏解毒，增强人的体质，增加抗病能力。

饮食宜忌

西兰花富含钾，最好将西兰花汆过水之后再食用。

月子锦囊

西兰花入沸水烫后，应放入凉开水内过凉，捞出沥干水再用。焖、炒和加盐时间也不宜过长。

瘦身食谱之晚餐

蒜泥苋菜

苋菜

原料

苋菜·············600 克
蒜、香油、食用油、
盐、水各适量

制作方法

1. 苋菜择除老茎及老叶洗净，沥干水分，切成长段备用；蒜去皮，碾成泥，放入碗中加香油拌匀，做成蒜泥汁。
2. 锅中倒入水煮沸，加入苋菜、食用油和盐，煮约 3 分钟，捞出沥干水分。
3. 将苋菜盛入盘中，再淋上蒜泥汁，拌匀即可。

营养师语

苋菜含有丰富的铁、钙和维生素 K，可以促进凝血，增加血红蛋白含量，并提高携氧能力，促进造血。常食还可以减肥轻身、促进排毒、防止便秘。

饮食宜忌

脾胃虚寒者忌食苋菜；平素胃肠有寒气、易腹泻者不宜多食苋菜。

月子锦囊

烹饪苋菜时，要想蒜香扑鼻，须在出锅前再放入蒜，这样香味最为浓厚，更能增加产妇食欲。

黄汁烩菠菜

菠菜

原料

菠菜…………500 克
胡萝卜、洋葱、牛肉汤、去皮土豆、牛奶蛋黄汁、食用油、盐、胡椒粉、柠檬汁各适量

制作方法

1. 菠菜择洗干净，氽水冲洗后，沥干水，切段；土豆、胡萝卜、洋葱均洗净，切小方丁。

2. 炒锅注入适量食用油烧热，烧至五成热，下入胡萝卜丁、洋葱丁翻炒至熟，盛入碗中。

3. 将锅内下入牛肉汤，再下土豆丁煮至八成熟，加胡萝卜丁、洋葱丁，调入盐、胡椒粉，挤入柠檬汁，再下入菠菜段，装盘。

4. 锅刷干净，下入牛奶蛋黄汁，加热，浇在盘中的菠菜上即可。

营养师语

菠菜含有大量的膳食纤维，具有促进肠道蠕动的作用，利于排便，且能促进胰腺分泌，帮助消化。

饮食宜忌

菠菜适于慢性胰腺炎、便秘等症患者食用。

月子锦囊

菠菜含有草酸，圆叶品种含量尤多，食后影响人体对钙的吸收。因此，月子里的妈妈食用此种菠菜时宜先氽水，以减少草酸含量。

胡萝卜煮蘑菇

原 料

胡萝卜

胡萝卜…………150 克
蘑菇……………50 克
黄豆……………30 克
西兰花…………20 克
食用油、盐、糖、清汤
各适量

制作方法

1. 胡萝卜去皮，切成小块；蘑菇洗净，切件；黄豆泡透，蒸熟；西兰花洗净，切小块。

2. 锅内下食用油，放入胡萝卜、蘑菇翻炒数次，注入清汤，用中火煮。

3. 待胡萝卜块煮烂时，下入泡透的黄豆、西兰花，调入盐、糖，煮透即可。

营养师语

胡萝卜营养丰富，素有"小人参"之称。胡萝卜富含糖类、挥发油、胡萝卜素、维生素 B_1、维生素 B_2、花青素、钙、铁等营养成分。胡萝卜富含维生素 A 和多种人体必需的氨基酸及十几种酶，对防治高血脂、肥胖症等大有好处。产妇多吃胡萝卜，能增加胡萝卜素的摄入量，提高自身免疫力。

饮食宜忌

食用时不宜加醋太多，以免损失胡萝卜素。

月子锦囊

只有经过烹调，胡萝卜所含的类胡萝卜素才较稳定，生吃胡萝卜，类胡萝卜素反而因没有脂肪而很难被吸收，从而造成浪费，月子里的妈妈吃胡萝卜还是吃煮熟的。

红枣茶树菇排骨汤

茶树菇

原料

红枣…………… 10 枚
蜜枣…………… 1 枚
茶树菇………… 50 克
小排骨…………200 克
姜片、盐各适量

制作方法

1. 红枣去核，洗净；茶树菇洗净，切成小段；小排骨洗净，斩成小块。
2. 锅内放水煮沸，将上述材料及姜片、蜜枣一同放入锅中，大火煮15分钟。
3. 再用小火煮30分钟，加适量盐即可。

营养师语

茶树菇营养丰富，蛋白质含量高达 19.55%。茶树菇富含人体所需的天门冬氨酸、谷氨酸等 17 种氨基酸（特别是人体不能合成的 8 种氨基酸物质）和 10 多种矿物质微量元素与抗癌多糖，对缓解肾虚尿频、水肿、气喘有显著疗效。此菜可养血红颜、消脂减肥、排除毒素，对新妈妈身体恢复有益处。

饮食宜忌

茶树菇对肾虚尿频、水肿、气喘有独特疗效。

月子锦囊

挑选茶树菇时注意茶树菇的粗细、大小是否一致。茶树菇大小不统一的话，意味着这里面掺有陈年的茶树菇。

锡纸蟹味菇

原料

蟹味菇·······················250 克
红辣椒······················ 10 克
锡纸························· 1 张
糖、牛油、奶酪粉、鸡精、盐、味精、蚝油
各适量

制作方法

1. 蟹味菇洗净，切去头部；红辣椒洗净，切丝。
2. 将蟹味菇连同红辣椒丝、糖、牛油、奶酪粉、鸡精、盐、味精、蚝油一起放在锡纸上，拌匀，包好。
3. 将包好的锡纸放在火上，烤5~6分钟取出即可。

营养师语

蟹味菇含有丰富的维生素和 17 种氨基酸，其中赖氨酸、精氨酸的含量较高，有助于青少年益智增高。还含有多种生理活性成分，能增强免疫力，促进抗体，形成抗氧化成分，从而延缓衰老。

饮食宜忌

体虚腹泻者忌食蟹味菇。

月子锦囊

蘑菇表面有黏液，粘上泥沙时，可在水里放点盐拌匀，然后放蘑菇泡一会儿再洗，即可洗掉。但是洗之前要把菌柄底部的硬蒂去掉，此部位不易洗净。

茶树菇鸡肉汤

茶树菇

原料

茶树菇…………100 克
鸡………………400 克
猪脊骨…………500 克
猪瘦肉…………200 克
鱼肚…………… 20 克
姜、盐各适量

制作方法

1. 将鸡剖好，斩件；猪脊骨、猪瘦肉斩件；茶树菇洗净；鱼肚泡发；姜去皮。
2. 锅内放适量清水煮沸，放入鸡块、猪脊骨、猪瘦肉，氽去血渍，倒出洗净。
3. 取砂锅一个，放入茶树菇、鸡块、猪脊骨、猪瘦肉、鱼肚、姜，加入清水煲 2 小时后，调入盐即可。

营养师语

茶树菇富含人体所需的氨基酸和 10 多种微量元素，其中赖氨酸的含量高达 1.75%，经常食用，能增强记忆。此汤还具有清热止咳等功效，对女性有滋润养颜、保健美容的功效。

饮食宜忌

高血压、心血管和肥胖症患者宜多喝。

月子锦囊

在煮野蘑菇时，放几根灯芯草、些许大蒜或大米同煮，蘑菇煮熟，灯芯草变成青绿色或紫绿色则有毒，变黄者无毒；大蒜或大米变色则有毒，没变色则无毒。

香菇花生鸡爪汤

原料

香菇·······················50 克
花生·······················200 克
鸡爪·······················200 克
猪脊骨·····················300 克
猪瘦肉·····················150 克
姜、盐各适量

制作方法

1. 将猪脊骨、猪瘦肉斩件；鸡爪洗净，斩件；香菇、花生泡洗干净。

2. 砂锅内放适量清水煮沸，放入猪脊骨、猪瘦肉、鸡爪汆去血渍，倒出，用温水洗净。

3. 砂锅装水，用大火煲沸后，放入猪脊骨、猪瘦肉、花生、香菇、鸡爪、姜煲2小时，调入盐即可。

营养师语

猪脊骨指猪的脊椎部位的骨头，一般市售的猪脊骨还包括骨头旁边相连的肉。猪脊骨味甘，性微温，有补脾气、润肠胃、生津液、丰机体、泽皮肤、补中益气、养血健骨的功效。

饮食宜忌

脾胃寒湿气滞、皮肤瘙痒病患者忌食香菇。

月子锦囊

脊骨中含有大量骨髓，烹煮时柔软多脂的骨髓就会释出。骨髓可以用在调味汁、汤或煨菜里，营养又美味。月子里的妈妈不能错过。

芙蓉鲫鱼

原料

鲫鱼·············750 克
鸡蛋清、熟瘦火腿末、
姜、葱、胡椒粉、盐、
味精、鸡油、鸡汤、料
酒各适量

鲫鱼

制作方法

1. 鲫鱼去鳞、内脏，洗净，斜切下鲫鱼的头和尾，同鱼身一起装入盘中，加料酒和拍碎的姜、葱，上蒸锅蒸10分钟后取出，头尾和原汤不动，用小刀剔下鱼肉。

2. 鸡蛋清打散，放入鱼肉、鸡汤、鱼肉原汤，加入盐、味精、胡椒粉搅匀，做成鸡蛋糊。

3. 鸡蛋糊一半装入汤碗，上笼蒸至半熟取出；另一半连同鱼头、鱼尾倒在上面，摆成鱼形，上笼蒸熟。

4. 把火腿末、葱花撒在鲫鱼上，淋入鸡油即可。

营养师语

鲫鱼具有健脾利湿、和中开胃之功效，同时也是糖尿病患者很好的滋补食材。产妇炖食鲫鱼汤，则可补虚通乳。

饮食宜忌

吃鱼前后忌喝茶。

月子锦囊

鲫鱼不可久蒸，以10分钟为佳。若蒸的时间过长，肉丝刺软，不易分离，鲜味尽失。

瘦身食谱之点心

酸奶银耳水果羹

酸奶

酸奶…………250 毫升
猕猴桃…………250 克
银耳……………100 克
木瓜……………100 克
苹果……………100 克
梨………………100 克
冰糖……………适量

制作方法

1. 将银耳用温水洗净泡开，撕成小片。
2. 烧水放入银耳熬成稠状，然后加入冰糖放凉。
3. 将猕猴桃、木瓜、苹果、梨均切丁，放入先前的锅中稍煮，再加入酸奶拌好即可。

营养师语

　　酸奶由纯牛奶发酵而成，除保留了鲜牛奶的全部营养成分外，在发酵过程中乳酸奶酸菌还可产生人体营养所必需的多种维生素，如维生素 B_1、维生素 B_2、维生素 B_6、维生素 B_{12} 等。产妇在产后需要补充钙质，酸奶就含有丰富的钙质，而且酸奶中的钙质由于乳酸的作用而提高了吸收率，极易被人体所吸收。

饮食宜忌

　　胃肠道手术后、腹泻或患其他肠道疾患的患者不适合喝酸奶。

月子锦囊

　　月子里的妈妈不可空腹喝酸奶。空腹饮用酸奶，乳酸菌易被杀死，保健作用减弱。

木瓜银耳糖水

原料

木瓜	300 克
银耳	10 克
枸杞子	5 克
冰糖	适量

木瓜

制作方法

1. 木瓜去皮，削块；银耳泡开，去蹄；枸杞子泡软，洗净。
2. 锅内放1200毫升水，加入银耳煮90分钟。
3. 加木瓜、枸杞子、冰糖，继续煮2小时，晾凉冰镇食用更佳。

营养师语

木瓜含有"木瓜酵素"，木瓜酵素中含丰富的丰胸激素及维生素A，能刺激女性激素分泌，并刺激卵巢分泌雌激素，使乳腺畅通，因此木瓜有丰胸作用；还可以促进肌肤代谢，帮助溶解毛孔中堆积的皮脂及老化角质，让肌肤更显年轻，月子里的妈妈多吃可以美容。

饮食宜忌

木瓜不宜多食，小便淋涩疼痛患者忌食。

月子锦囊

食用木瓜并无太多禁忌，适合各种体质的人食用，但是提醒体质较弱的新妈妈，尽量避免食用冰过的木瓜或是冰的木瓜牛乳，以免造成肠胃不适。

橙汁糕

橙汁

原料

马蹄粉	500 克
淀粉	100 克
细白糖	800 克
橙汁	50 毫升
水	2500 毫升

制作方法

1. 细白糖加 1700 毫升水煮成白糖水。
2. 马蹄粉、淀粉加 800 毫升水和匀，制成粉糊。
3. 在粉糊内加入橙汁和热白糖水，和匀，倒入模内，蒸 15 分钟即可。把蒸好的橙汁糕切块，放在橙皮杯里，再冰镇，吃起来更佳。

营养师语

橙汁是以橙子为原料经过榨汁机压榨得到的果汁饮料，比较新鲜，营养价值高，可经过冷冻的方法饮用或直接饮用。橙汁中的黄酮能有效抑制乳腺癌、肺癌等细胞的增生。经常饮用橙汁也可有效预防某些慢性疾病、维持心肌功能以及降低血压。

饮食宜忌

橙汁不宜与猪肉、虾同食。

月子锦囊

鲜榨橙汁富含维生素 C，产妇喝可以补充维生素，非鲜榨的不建议产妇喝。另外，因为橙汁的含糖比较高，妊娠糖尿病的产妇不要吃。

开心果饼干

原料

低筋面粉…	170 克	泡打粉……	1.5 克
奶油………	45 克	盐	0.5 克
细白糖……	50 克	开心果粒…	40 克
红糖………	50 克	杏仁粉……	45 克
水………	35 毫升		

制作方法

1. 将奶油、细白糖、红糖混合拌匀，分次加水拌至均匀。
2. 加入低筋面粉、泡打粉、盐至完全混合，再将开心果粒、杏仁粉加入拌匀。
3. 将拌好的面团放入一个方盘中，面糊压结实后放入冷柜冷冻至凝固。
4. 取出冻好的面团后，分切成块，排放在烤盘中，放入烘烤箱，用上火170℃、下火140℃的温度烘烤30分钟左右即可。

营养师语

　　开心果富含纤维、维生素、矿物质和抗氧化元素，具有低脂肪、低卡路里、高纤维的显著特点，是一种美味的坚果。开心果仁富含维生素 E，能提高免疫力、增强体质。开心果中含有丰富的油脂，有润肠通便的作用，有助于机体排毒。

饮食宜忌

　　开心果热量很高，并且含有较多的脂肪，肥胖、血脂高的人群应少吃。

月子锦囊

　　烘烤时注意炉温，才能使饼胚保持原有色泽。

香蕉派

原料

派皮：

低筋面粉	300 克
黄油	150 克
糖粉	80 克
盐	2 克
鸡蛋	60 克
水	50 毫升

馅料：

即溶吉士粉	175 克
水	500 毫升
鸡蛋黄	30 克
玉米粉	50 克
香蕉	250 克

营养师语

香蕉营养高、热量低，又含丰富的蛋白质、糖、钾、维生素 A 和维生素 C，同时膳食纤维也多，是相当好的营养食品。常食香蕉不仅有益于大脑，预防神经疲劳，还有润肺止咳、防止便秘的作用。产妇最好每天吃一根香蕉。

饮食宜忌

香蕉与芋头同食，容易导致胃部不适、腹部胀满疼痛。

月子锦囊

把香蕉放进塑料袋里，再放一个苹果，然后尽量排出袋子里的空气，扎紧袋口，再放在家里不靠近暖气的地方，这样的香蕉至少可以保存1周左右。

制作方法

1. 派皮的制作：黄油切成小块，放在室温下软化，然后和过筛糖粉拌匀，分次加入鸡蛋，搅拌融合，然后再加入水拌均匀。
2. 将过筛的低筋面粉加入其中，不断揉搓，使完全混合成顺滑面团。
3. 将面团用保鲜纸包好松弛，放入冰箱冷藏15分钟。
4. 取出面团，用擀面杖擀成面皮，然后放入模具中，并将剩余的面团去掉，用竹签在派皮上刺上气孔。
5. 香蕉派馅料制作：将即溶吉士粉溶解在水中，并加入鸡蛋黄打散，加入玉米粉，搅拌均匀，并加入1根半的切片香蕉，充分混合成为馅料。
6. 将香蕉派馅料装入裱花袋，然后挤入派模内，表面用剩余的香蕉片装饰，然后放入烤箱，用上火160℃、下火150℃烘烤35分钟左右，脱模即可。

葡萄香草蛋糕

原料

低筋面粉……………………… 100 克
鸡蛋…………………………… 300 克
塔塔粉………………………… 20 克
细砂糖………………………… 90 克
牛奶…………………………… 100 毫升
食用油、葡萄干、香草粉各适量

制作方法

1. 用分蛋器将鸡蛋清、鸡蛋黄分离。

2. 在干净无水的容器中将鸡蛋黄搅散，分次加入 40 克细砂糖、食用油、牛奶，低速搅拌均匀。

3. 将低筋面粉、盐过筛，分次倒入步骤 2 中打发好的鸡蛋黄中搅拌均匀，搅拌时间不要过长，容易起筋。

4. 在另一干净无水容器内将塔塔粉、香草粉倒入鸡蛋清中，并分次倒入 50 克细砂糖，用打蛋器打发。

5. 蛋清打发的程度直接关系蛋糕的蓬松程度，所以一定要打发到起尖角，并且静置几分钟也不会松散的程度。

6. 将打发的鸡蛋清分三分之一倒入已经搅拌好的鸡蛋黄面糊中，从底部向上翻着搅拌，切记不可画圈。

7. 再盛三分之一的鸡蛋清倒入面糊中，从底部向上翻着搅拌均匀。

8. 将搅拌好的面糊，倒入剩余的三分之一的鸡蛋清上，继续从底部向上翻着搅拌均匀。

9. 将面糊倒入铺好锡纸的平底盘内，抹平，在面糊上撒一些葡萄干，放入烤箱底层，以上下火 180℃烘烤 25 分钟即可。

营养师语

葡萄干是各种葡萄果实的干制品，其铁和钙含量十分丰富，是儿童、妇女及体弱贫血者的滋补佳品，可补血气、暖肾。葡萄干还含有多种矿物质和维生素、氨基酸，常食对神经衰弱和过度疲劳者有较好的补益作用，还是妇女病的食疗佳品。

月子锦囊

鸡蛋黄加入细砂糖后，一定要搅打至呈乳白色，这样鸡蛋黄和细砂糖才能混合均匀。

烘烤前，模具（或烤盘）不能涂油脂，这是因为蛋糕的面糊必须借助黏附模具壁的力量往上膨胀，有油脂就失去了黏附力。

图书在版编目（CIP）数据

月子期营养食谱 / 犀文图书编著 . — 天津：天津科技翻译出版有限公司，2014.1

ISBN 978-7-5433-3355-0

Ⅰ. ①月… Ⅱ. ①犀… Ⅲ. ①产妇－妇幼保健－食谱 Ⅳ. ① TS972.164

中国版本图书馆 CIP 数据核字 (2013) 第 320178 号

出　　　版：	天津科技翻译出版有限公司
出 版 人：	刘　庆
地　　　址：	天津市南开区白堤路 244 号
邮政编码：	300192
电　　　话：	（022）87894896
传　　　真：	（022）87895650
网　　　址：	www.tsttpc.com
策　　　划：	犀文图书
印　　　刷：	深圳市新视线印务有限公司
发　　　行：	全国新华书店

版本记录：710×1000　16 开本　10 印张　100 千字

　　　　　　2014 年 1 月第 1 版　2014 年 1 月第 1 次印刷

　　　　　　定价：29.80 元

（如发现印装问题，可与出版社调换）

犀文图书敬告：本书在编写过程中参阅和使用了一些文献资料。由于联系上的困难，我们未能和作者取得联系，在此表示歉意。请作者见到本书后及时与我们联系，以便我们按照国家规定支付稿酬。

　　电话：（020）61297659